中国沿海港口规划探讨与实践

——宁波-舟山港总体规划研究

齐 越 张民辉 沈益华 著

人民交通出版社股份有限公司
China Communications Press Co.,Ltd.

内 容 提 要

作为全球最大的沿海港口，宁波-舟山港2016年完成总吞吐量9.3亿吨，外贸吞吐量4.3亿吨，集装箱吞吐量2180万TEU，总吞吐量连续8年排名世界第一，港口地位十分突出。本书以宁波-舟山港总体规划研究为基础，采用遥感解译和地理信息技术，研究港口城市发展态势、重大交通产业布局，分析港口发展格局演变、涉海相关规划关系，全面对接重大国家战略，确定港口发展重点，推进港口资源整合，促进港口转型升级，拓展港口发展空间。

本书旨在进一步丰富中国沿海港口规划实践和探索的案例，供学者、专家和规划决策者们借鉴、研究和思考。对从事港口规划、设计、施工和管理的工程技术人员，以及交通运输专业大专院校和行业研究机构来说，也是一本有益的参考书。

图书在版编目（CIP）数据

中国沿海港口规划探讨与实践：宁波-舟山港总体规划研究 / 齐越，张民辉，沈益华著. —北京：人民交通出版社股份有限公司, 2017.6

ISBN 978-7-114-13955-0

Ⅰ. ①中… Ⅱ. ①齐… ②张… ③沈… Ⅲ. ①港口规划—研究—浙江 Ⅳ. ①U651

中国版本图书馆CIP数据核字（2017）第128265号

书　　名： 中国沿海港口规划探讨与实践——宁波-舟山港总体规划研究
著 作 者： 齐　越　张民辉　沈益华
责任编辑： 邵　江　刘　君　张江成
出版发行： 人民交通出版社股份有限公司
地　　址：（100011）北京市朝阳区安定门外外馆斜街3号
网　　址： http://www.ccpress.com.cn
销售电话：（010）59757973
总 经 销： 人民交通出版社股份有限公司发行部
经　　销： 各地新华书店
印　　刷： 中国电影出版社印刷厂
开　　本： 880×1230　1/16
印　　张： 12
字　　数： 208千
版　　次： 2017年6月　第 1 版
印　　次： 2017年6月　第 1 次印刷
书　　号： ISBN 978-7-114-13955-0
定　　价： 98.00元

序　言

沿海港口是我国对外开放的门户和综合交通运输的重要枢纽，在我国经济发展、对外开放、经济安全等方面发挥着重要作用，肩负着促进南北物资交流、支撑国家对外贸易、服务国家战略的历史使命。改革开放以来，我国沿海港口基础设施规模和完成吞吐量实现了近百倍的增长，从籍籍无名到全球最大的港口群体，沿海港口近四十年的发展建设取得了举世瞩目的成就。

自大规模的港口建设高潮始，交通运输部就将港口规划作为工作重点，通过全国性港口布局规划，突出主要港口、重要物资专业化码头布局；通过区域性港口布局规划，形成与区域经济发展特色相适应的港口和重大物资专业化码头布局；通过每个港口的总体规划，明确港口的性质、功能定位和港口资源的合理布置。当前，已经形成全国港口布局规划、区域性的港口布局规划、重大物资专业化码头布局规划、单个港口总体规划的规划体系，为港口的健康发展，奠定了坚实基础。

在迅猛的运输发展需求下，我国部分沿海地区港口建设难以满足经济发展对港口数量、质量的要求。经过大规模港口建设，港口发展受资源环境约束日益严重。发挥港口群的作用，促进区域港口之间的合作，是世界各国港口发展走过的道路，也是当前我国港口的发展热点。作为长江口外的宁波-舟山港依托优越的区位优势、优良的深水港口资源，在为长江三角洲和长江沿线地区外贸进口铁矿石、原油等大宗散货和集装箱中转体系中发挥着龙头作用。针对宁波市经济发达而港口的深水岸线资源紧缺、舟山市港口岸线资源丰富但依托的腹地经济欠佳，浙江省委、省政府提出了宁波港、舟山港资源整合，共同服务浙江省经济和长江流域经济发展的战略，并要求港口规划先行，在规划指导下加快发展。这对作为规划承担单位的交通运输部规划研究院如何适应新形势，丰富、发展已有的港口规划体系提出了新的研究课题。

宁波-舟山港地处长江三角洲前沿，目前已发展成为全球最大的沿海港口，拥有极为丰富且独特的港口岸线资源、深远的经济腹地，同时也面临着全新的发展形势和环境，其发展特点、背景和方向在新一轮港口总体规划编制工作中具有典型意义。《宁波-舟山港总体规划研究》将宁波-舟山港作为整体，全面研究港口在国家战略中的地位和作用；以区域规划思维，聚焦不同功能的码头布局；以合理利用港口资源的方法，对各功能区开展码头布置规划，为港口资源整合规划开创先河。《宁波-舟山港总体规划（2014—2030年）》自2012年6月启动，历经规划研究、征求意见、规划协调等多轮次磨合，于2016年12月经交通运输部和浙江省人民政府联合批复颁布实施。本书对最终形成的规划研究报告主要内容进行了摘录，旨在进一步丰富港口规划实践和探索的案例，供学者、专家和规划决策者们借鉴、研究和思考。

交通运输部原总工程师

交通运输部专家委员会委员

水运行业建设协会常务副理事长

2017年4月9日

前 言

一、规划背景

宁波-舟山港是浙江省及长江沿线地区重要的海上门户，不仅在长江三角洲地区经济社会发展、对外开放和国家煤炭、矿石、原油等能源、原材料运输中占据十分重要的地位，而且对于推动长江沿线地区工业化、国际化进程，促进东中西三大区域联动，实现国家区域经济协调发展，全面参与经济合作与竞争都具有重要作用。

浙江省委、省政府高度重视宁波、舟山港口的发展。2003 年提出“整合两港资源、加快两港一体化建设”的指导思想，2005 年确定统一规划、统一品牌、统一建设、统一管理的“四统一”目标，2006 年启用“宁波-舟山港”名称，成立宁波-舟山港管理委员会，负责具体协调管理工作。这是宁波-舟山港整合发展、迈向世界第一大港的重要起点，也是新时期我国沿海港口资源整合的重要探索和尝试。

整合后的宁波-舟山港通过统一规划，明确了港口功能定位和空间布局，扩大了港口发展空间，推动了金塘、六横、衢山等港区的集装箱、煤炭、原油和铁矿石等大型专业化码头联合开发，强化了集装箱干线港和长江流域大宗散货转运枢纽的地位。通过统一品牌，宁波的港口优势进一步巩固，并拉动舟山港口资源的加速开发，提升了宁波-舟山港综合竞争力及影响力。通过统筹规划，创新发展模式，积极争取国家保税、贸易政策支持，大力发展现代物流、贸易、信息、金融等相关港航服务产业，拓展港口功能，逐步探索向自由贸易港区发展的途径。

2009 年，交通运输部和浙江省人民政府联合批复了《宁波-舟山港总体规划》，为港口快速健康发展提供了有效指导，为岸线资源的有效保护和合理开发提供了科学依据。在港口总体规划指导下，宁波-舟山港发展迅速，重点港区规模化、专业化水平进一步提高，主要货类运输系统布局进一步完善，适应了港口运输需求的快速增长和国际海运船舶大型化的发展趋势，有力支撑了腹地工业化、国际化和产业布局的需要，初步满足了海洋产业的发展要求，基本适应了腹地经济社会和对外贸易发展的需要。同时，随着港口规模的持续扩张，宁波-舟山港也出现了发展方式粗放、空间布局分散、服务功能单一、资源约束加剧等问题，面临着资源整合、功能提升、空间拓展等更高要求。

2010 年以来，国务院相继批复了《长江三角洲地区区域规划纲要》、《浙江海洋经济发展示范区规划》和《浙江舟山群岛新区发展规划》，港口发展环境发生了较大变化。党的十八届三中全会明确提出了进一步深化改革，加快经济转型和结构调整，鼓励发展新兴产业，整合传统产业，港口发展更应注重资源的合理利用，体现调整和转型发展的要求。同时，舟山港综合保税区和中国（上海）自由贸易试验区的设立以及宁波、舟山城市发展，对港口提出了新的要求，迫切需要进一步明确港口发展方向和定位，整合港口资源，拓展服务功能，突出发展重点，并在港区功能定位、主要货类专业化码头布局和主要港区平面布置方案等方面进行调整与优化，主动引导海洋产业发展和岸线资源有序开发，实现集约化发展。

为适应新时期国际、国内经济、社会宏观环境的发展变化，全面落实“一带一路”、长江经济带、浙江海洋经济发展示范区和浙江舟山群岛新区等国家战略的要求，积极打造江海联运服务中心，深入分析宁波-舟山港发展面临的新形势和新要求，进一步明确港口发展方向和定位，整合港口资源，拓展服务功能，突出发展重点，推进深度融合，并在港区功能定位、主要货类专业化码头布局和主要港区平面布置方案等方面进行调整与优化，主动引导海洋产业发展和岸线资源有序开发，实现集约化发展，受宁波-舟山港管理委员会委托，交通运输部规划研究院开展了《宁波-舟山港总体规划（2014—2030 年）》的编制工作。

二、编制依据及基础

（1）《中华人民共和国港口法》；

（2）《港口总体规划编制内容及文本格式》；

（3）《港口规划管理规定》；

（4）《浙江省沿海港口布局规划》；

（5）《浙江海洋经济发展示范区规划》；

（6）《浙江舟山群岛新区发展规划》；

（7）《沿海港口“十二五”发展规划中期评估》；

（8）《水运“十三五”发展规划》；

（9）《宁波市城市总体规划（2015年修改）》；

（10）《浙江舟山群岛新区（城市）总体规划（2012—2030年）》；

（11）《宁波市土地利用总体规划（2006—2020年）》；

（12）《舟山市土地利用总体规划（2006—2020年）》；

（13）《全国海洋主体功能区规划》；

（14）《全国海洋功能区划（2011—2020年）》；

（15）《浙江省海洋功能区划（2011—2020年）》；

（16）《浙江省无居民海岛保护与利用规划》；

（17）《浙江省重要海岛开发利用与保护规划》；

（18）《宁波-舟山港总体规划（2009年）实施效果评估》；

（19）《宁波-舟山港总体规划（2014—2030年）研究报告》；

（20）《宁波-舟山港总体规划（2014—2030年）需求预测》；

（21）《宁波-舟山港总体规划（2014—2030年）环境影响报告书》；

（22）《宁波-舟山港航道与锚地专项规划》。

三、指导思想

（1）适应国家区域发展战略的要求，突出港口国际物流、海洋产业集聚、保税仓储、加工及贸易等功能，完善港口功能。

（2）充分考量长江三角洲及长江沿线经济长远发展及国际物流对港口的需求，科学、节约、集约利用岸线资源，合理拓展港口空间，实现可持续发展。

（3）按照全港统一布局、科学分工的原则，整合资源，优化布局，合理确定港口发展方向、港区定位、空间及功能布局，合理利用资源，促进科学发展。

（4）明确港口发展重点，突出港口公共运输的主体功能，突出资源容量大、战略意义强的重点港区，体现港口分层次布局。

（5）与浙江舟山群岛新区（城市）总体规划、浙江省海洋功能区划等上位规划相衔接，统筹涉海相关规划的关系，促进港口协调发展。

（6）适应综合运输体系的发展要求，完善港口集疏运体系，发挥沿海港口作为综合运输枢纽的作用。

四、研究内容

（1）评估规划实施效果。上一版规划确定了宁波-舟山港的功能定位、空间布局、港区划分、规划方案等主要内容，本次规划解决的首要问题是对上一轮港口规划的实施效果进行评估，明确港口的发展现实基础及存在的主要问题。

（2）对接两大国家战略。分析《浙江海洋经济发展示范区规划》、《浙江舟山群岛新区发展规划》以及《长江三角洲地区区域规划纲要》等国家区域发展战略对港口的要求，全面对接国家“一带一路”、长江经济带区域发展战略。

（3）确定港口发展重点。宁波-舟山港岸线资源丰富，港区众多。各港区的发展基础、资源容量、发展环境及在运输系统中的地位差异较大，需要明确港口功能布局重点及港区发展层次，引导港口空间的有序拓展。

（4）推进港口资源整合。宁波-舟山港经过“十五”、“十一五”的快速发展，港口基础设施能力已由供给不足转为基本适应，应以转变发展方式为主线，从单纯靠大量资金投入、吞吐能力扩张，向优化港口布局、推进结构调整转变。一方面，利用上海国际航运中心优势，发挥自身资源优势，推进集装箱码头建设。同时，依托深水岸线资源，形成外贸大宗散货海进江中转运输系统，与上海港错位发展。另一方面，以一体化思想为指导，整合全港资源，提高土地、岸线资源利用效率，推进老港区功能调整，统筹布局主要货类运输系统。

（5）促进港口转型升级。在充分发挥已有港航基础设施能力的基础上，实现优化发展、有序发展。根据腹地经济社会发展的需要，结合梅山保税港区、舟山港综合保税区、中国（上海）自由贸易试验区的要求，以及舟山群岛新区“四岛一城”的定位，积极拓展功能，明确发展定位，促进转型升级。

（6）注重港口协调发展。城市空间结构和产业布局对港口发展影响深远，应关注城市主体功能区与港口空间的发展关系，有进有退，科学定位，合理布局港口功能。

适应产业布局调整的需要，引导新兴海洋产业沿海集聚，促进港口与城市、产业的协调发展。

（7）拓展港口发展空间。根据上一版规划，宁波–舟山港规划港口岸线仅占全部自然岸线的 9.2%，其中象山港、石浦等部分港口岸线受海洋、环保等条件制约，难以短期实施开发。此外，水域布局紧张，特别是锚地不足，也严重制约了港口的发展。迫切需要合理新增港口岸线、适当扩大港区范围、增加航道锚地供给，实现港口空间拓展，保障港口持续发展。

五、研究结论

（1）2014 年底，宁波–舟山港共有千吨级及以上生产性泊位 419 个（深水泊位 162 个），泊位总长度 71.5km，综合通过能力 8 亿 t。完成货物吞吐量 8.7 亿 t，其中外贸货物吞吐量 4.2 亿 t，集装箱吞吐量 1945 万 TEU，分别位列沿海港口的第一、第一和第三位。

（2）2009 年批复的上一版规划实施效果总体良好，有效指导了重点港区规模化发展，初步适应了海洋产业发展要求，提升了港城发展品质；集装箱、铁矿石、粮食运输系统码头布局基本按规划实施；煤炭、外贸进口原油、成品油、液体化工品码头布局及修造船码头岸线进一步拓展；港口吞吐量实际发展基本符合规划预测水平。但是，部分港区发展环境发生变化，需要进行功能调整或方案优化。同时，港口发展环境面临新的要求，资源环境要素制约明显，岸线利用缺少统筹和规范，港口功能有待提升，布局亟待优化，资源亟需整合。

（3）宁波–舟山港吞吐总量、外贸吞吐量总体继续保持平稳快速发展，集装箱运输地位显著提升，干线港作用进一步增强，大宗散货地位突出，是长江三角洲及长江沿线地区原油、铁矿石和煤炭运输的中转基地，宁波、舟山的港口发展重点不同，公用码头和企业专用码头各有侧重，港口功能正在由传统运输逐步向保税、物流、贸易方向拓展。宁波–舟山港已成为长江三角洲及长江沿线地区的海上门户和经济发展的重要基础，在腹地对外开放、全面参与经济全球化中发挥了重要作用，支撑了腹地工业化、生产力布局的调整和海洋产业的集聚发展，保障了国家能源物资运输安全，成为建设舟山群岛新区、打造宁波国际港口城市的核心基础。

（4）长江经济带、丝绸之路经济带、21 世纪海上丝绸之路、浙江海洋经济发展示范区、浙江舟山群岛新区等国家区域发展战略、规划，要求宁波-舟山港从完善运输体系、保障能源安全、促进协调发展等方面发挥更加突出的作用，转变发展方式，强化物流枢纽，提升港口功能，由适应产业发展向引领产业发展转变。

（5）宁波-舟山港是我国沿海主要港口和国家综合运输体系重要枢纽，是上海国际航运中心的重要组成部分，是服务长江经济带、建设江海联运服务中心的核心载体，是浙江海洋经济发展示范区和舟山群岛新区建设的重要依托，是宁波市、舟山市经济社会发展的重要支撑。

宁波-舟山港以大宗能源、原材料中转运输和集装箱干线运输为重点，在调整结构、拓展功能的基础上，发展成为布局合理、能力充分、功能完善、安全绿色、港城协调的现代化综合性港口。

（6）规划港口岸线总长 550km，占两市海岸线总长的 14%。其中，已利用 236km，存量岸线资源 314km。存量资源中，Ⅰ类港口岸线 139km，占 44%；Ⅱ类和Ⅲ类港口岸线分别 22% 和 34%。此外，部分为城市休闲旅游配套的游艇码头、服务岛屿居民出行的陆岛交通码头等使用的港口岸线，可结合城市规划和陆岛交通专项规划另行确定。

（7）预测宁波-舟山港 2020 和 2030 年的货物吞吐量将分别达到 11.7 亿 t、14.4 亿 t（不含小洋山）。其中，外贸吞吐量分别为 6 亿 t、7.4 亿 t，集装箱吞吐量分别为 2800 万 TEU、3500 万 TEU。

（8）港口空间发展布局。宁波-舟山港总体上呈“一港、四核、十九区”的空间格局。一港：宁波-舟山港。四核：六横、梅山及穿山核心发展区，北仑、金塘、大榭、岑港核心发展区，白泉、岱山大长涂核心发展区，洋山及衢山核心发展区。“四核”在空间上引导港口集中发展。十九区：十九个港区。

（9）港口总体功能布局。港口综合运输功能集中布局在北仑穿山半岛的北部、梅山岛南部、金塘岛南部、小洋山南部、六横岛东部、舟山本岛西部和东北部、大长涂南部、衢山岛南部及鼠浪湖等区域。海洋产业配套功能集中布局在镇海、北仑、大榭、六横南部和北部、象山湾口东、舟山本岛北部、金塘北部、岱山南部等区域。城市生产生活配套功能集中布局在甬江、定海、沈家门、象山港和石浦等区域。港航物流服务配套功能集中布局在北仑、梅山、舟山本岛和洋山。陆岛交通运输枢纽主要集中布局在舟山南部诸岛、北部嵊泗和岱山等岛屿。

（10）主要运输系统布局。煤炭运输系统以直达运输为主，兼顾温台地区及长江沿线中转运输。公共煤炭运输码头集中布局在镇海港区、穿山港区、六横岛和衢山鼠浪湖岛，在镇海港区、穿山港区积极发展铁海联运。

原油及燃料油运输系统以服务外贸进口为主，通过管线、水运为长江三角洲及长江沿线地区石化企业提供中转服务，兼顾其他地区贸易中转需求。在北仑、大榭、册子、岙山、外钓、大长涂、衢山、黄泽山等港区集中布局大型专业化原油及燃料油接卸码头。此外，在大长涂、马岙、北仑、大榭、六横等港区集中布局成品油、液体化工品码头。对于大小鱼山成品油、液体化工品码头布点，下阶段结合绿色石化产业布局，专题论证开发方案。

铁矿石运输系统以接卸外贸进口铁矿石为主，主要为长江三角洲及长江沿线地区冶金企业中转运输服务，兼顾其他地区贸易中转需求。在北仑、穿山、六横凉潭、衢山鼠浪湖和嵊泗马迹山等岛屿及绿华山锚地集中布局外贸进口铁矿石接卸泊位。

集装箱运输系统以远、近洋航线为主，同时开辟内支线及内贸航线。在北仑、穿山、大榭、梅山、金塘、六横、洋山等港区集中布局集装箱专业化码头。

LNG码头及接收站集中在穿山、白泉、洋山港区布局。粮食运输系统集中在岑港港区老塘山作业区布局。邮轮码头布点在沈家门港区朱家尖作业区，北仑港区北仑山多用途码头兼顾邮轮客运功能。

（11）江海联运基地布局。根据长江经济带和“一带一路”国家战略要求，积极将宁波-舟山港打造为国际物流枢纽港，提高战略物资储备能力，拓展大宗商品交易功能；形成以大宗商品储运加工贸易基地和海事服务基地为核心的中国（舟山）江海联运服务中心，使宁波-舟山港成为长江经济带和长三角经济发展的战略支点。依托衢山鼠浪湖、嵊泗马迹山强化铁矿石储运中转能力；依托大榭、岙山、岱山大长涂作业区，提升原油战略储备规模；依托六横聚源作业区、穿山东部作业区、衢山蛇移门作业区扩大煤炭储运中转能力。

（12）港口发展层次布局。将宁波-舟山港十九个港区划分为主要港区、重要港区、一般港区三个层次。其中，北仑、洋山、六横、衢山、穿山、金塘、大榭、岑港、梅山九个港区为主要港区；嵊泗、岱山、镇海、白泉、马岙五个港区为重要港区；定海、石浦、象山港、甬江、沈家门等五个港区为一般港区。

（13）港区功能定位。北仑港区：以集装箱、大宗干散货、原油、成品油及液体化工品、粮食和杂货运输为主，兼顾邮轮客运，是宁波–舟山港的主要港区。

洋山港区：以集装箱干线运输为主，兼顾液化天然气和成品油运输，具备保税物流、加工贸易等综合服务功能，是宁波–舟山港的主要港区。

六横港区：以集装箱、铁矿石、煤炭为主，兼顾液体散货运输和临港产业发展，是宁波–舟山港的主要港区。

衢山港区：以铁矿石中转运输和原油储运为主，兼顾成品油及液体化工品运输，发展保税仓储和临港产业功能，是宁波–舟山港的主要港区。

穿山港区：以集装箱、大宗散货运输为主，兼顾液化天然气、成品油及液体化工品运输，是宁波–舟山港的主要港区。

金塘港区：以集装箱运输为主，兼顾临港产业发展，是宁波–舟山港的主要港区。

大榭港区：以集装箱、原油、成品油及液体化工品运输为主，兼顾临港产业发展，是宁波–舟山港的主要港区。

岑港港区：以原油、成品油及液体化工品和粮食、木材等散货、杂货运输为主，发展原油储运、船舶燃供等功能，是宁波–舟山港的主要港区。

梅山港区：依托梅山保税港区，以集装箱干线运输为主，兼顾商品汽车滚装运输，发展保税物流功能，是宁波–舟山港的主要港区。

嵊泗港区：以铁矿石中转运输为主，兼顾临港产业发展、城市生活、旅游休闲服务及陆岛运输功能，是宁波–舟山港的重要港区。

岱山港区：以液体散货运输和临港产业发展为主，兼顾杂货运输、旅游客运及陆岛运输，是宁波–舟山港的重要港区。

镇海港区：以煤炭、成品油及液体化工品、杂货运输为主，近期兼顾内贸集装箱运输，是宁波–舟山港的重要港区。

白泉港区：以液化天然气和散货、杂货运输为主，兼顾集装箱、成品油及液体化工品运输，发展保税物流和临港产业功能，是宁波–舟山港的重要港区。

马岙港区：以成品油及液体化工品和杂货运输为主，兼顾商品汽车滚装运输功能，服务舟山本岛物资运输和临港产业发展，是宁波–舟山港的重要港区。

定海港区、石浦港区、象山港港区、甬江港区、沈家门港区，主要服务于地方经济、临港产业和旅游客运发展，部分兼顾陆岛运输功能，均为宁波–舟山港的一般港区。

（14）宁波–舟山港规划形成生产性码头岸线 154km，规模化码头作业区陆域总面积

$132km^2$，共可布置各类泊位560余个。规划海洋产业及配套码头区占用岸线147km，陆域总面积$98km^2$。规划港口预留发展区岸线约105km。

（15）建议推进港口管理体制改革和港口资产整合，推动宁波-舟山港进入深度融合发展阶段；深化大洋山等港口岸线开发研究，支撑港口总体布局规划的实施；深化港口集疏运通道研究，推进杭甬运河三期工程，保障港口可持续发展；开展中部核心水域LNG接收站对港口通航及运营影响研究，提高港口服务水平；以海事、引航、口岸为突破口，提升一体化发展水平；加快研究综合保税区、自由贸易区、自由港区建设对港口发展的要求，完善港口总体规划。

目 录

第一章
港口发展的现状

第一节　地理位置

宁波－舟山港位于长江经济带与东部沿海经济带交汇的长江三角洲地区，是“一带一路”和长江经济带的重要海上门户，是江海联运的重要枢纽。北仑－金塘水域北距上海吴淞口 130n mile（1n mile=1852m，余同），距秦皇岛 683n mile，南距广州 824n mile。与香港、基隆、釜山、大阪、神户等大港间的国际航线均在 1000n mile 之内，至美洲、大洋洲、波斯湾、东非等地港口的距离均在 5000n mile 左右，区位优势明显。白沙、洪镇、北仑三条港区铁路支线与萧甬铁路相连，并通过浙赣、沪杭、宣杭线与全国铁路网连接。杭甬高速、沈海高速、大碶疏港高速、穿山疏港高速均为国家高速公路网的重要组成部分，东海大桥、杭州湾大桥、舟山金塘大桥、象山港大桥等跨海桥梁的相继建成，加强了舟山本岛、宁波、上海之间的联系，为港口集疏运提供了便捷条件。宁波－舟山港口地理位置及腹地形势如图 1-1 所示。

图 1-1　宁波－舟山港口地理位置及腹地形势图

第二节 自然条件

一、气象

甬舟两市地域广阔，岛屿众多，受海洋和大陆影响程度不同，气象特征差异较大。

平均气温中部高，南北低。年平均降水量由西南向东北减小。年平均相对湿度为78% ~ 81%。年平均风速自南向北递增，受季风影响，冬季多偏北风，夏季多偏南风，全年多偏北风。最大风速分布，东部大于西部、北部大于南部。舟山极大风速达为54.2m/s，宁波石浦出现过57.9m/s的台风。

甬舟两市易受台风影响的月份为7 ~ 9月，风向以NNW ~ NNE向和ENE向为多，一次热带风暴影响最长持续时间约2 ~ 3天。影响最严重的9711号台风，最大风速为44m/s，降水量为112 ~ 302mm，最大增水为142cm，台风引起的大浪造成200余公里海塘损毁。

二、水文

（一）潮汐

宁波–舟山港东部海域潮汐受外海潮波的控制，潮汐性质多为半日潮，西部海域由于潮波受岛屿和浅海的影响而变形，潮汐性质多为非正规半日潮。其中，北仑、穿山、大榭岛为不正规半日潮，梅山岛以北海域及象山港浅海分潮影响非常明显。

（二）波浪

宁波–舟山港濒临东海大浪区，外海最大波高达17m，长周期波浪可传入本海域。受舟山群岛1300多个大小岛屿的遮挡，多数港口岸线掩护条件良好。该海域受季风影响，冬季以偏北向浪为主，波高较大；夏季以偏南向浪居多，波高较冬季小，台风浪是一年中最大的浪。受较强的北风和东北风影响，波高分布特点为东部大于西部、北部大于南部。

穿山地区的东、北、西部都有岛屿掩护的半封闭港区，基本不受外海波浪影响，该海区强浪向北到东北向，实测最大波高 1.6m。

梅山岛地区分为西侧和东南侧两部分，西侧处于狭长水道内，波高不大；东侧有岛屿掩护，只有南侧受外海来浪影响大些。

象山港地区处于 WSW ~ ENE 向潮汐通道内，口门外有六横等岛屿掩护，口门处南北两岸受不同风况影响，波向不一致，一般以风浪为主，6 ~ 10 月盛行以涌浪为主的混合浪。北岸强浪向为 S 向，实测最大波高 $H_{1/10}$=1.8m、周期 T=4.8s；南岸强浪向为 N 向，实测最大波高 $H_{1/10}$=1.7m、周期 T=4.7s。内湾水道狭窄，掩护条件较好，波浪影响不大。

石浦地区以涌浪为主的混合浪，波高一般在 1.0m 左右，台风过境时波高可达 2.0m 以上。

（三）海流

外海潮波由舟山海域的东南方向经岛屿间的航门水道进入各港区。受地形影响，岛屿之间的潮流流速较大，流向大致与水道或等深线一致，大多数港区的潮流呈往复运动。海区的潮流性质一般是不规则半日潮流，浅海分潮明显。册子水道、马峙锚地、中街山和马鞍列岛附近为不则规半日混合潮流。

宁波-舟山海域的余流主要受径流和风的季节变化影响，其中长江径流入海后的迁移路线和台湾暖流的影响较为明显。该海域的余流普遍较强，一般为 0.2m/s 左右，最大可达 0.5m/s；余流方向一般与最大流速的方向吻合。

（四）含沙量

宁波-舟山海域泥沙主要来自附近海域，河流输沙很少，长江口每年下泄 4 亿多吨泥沙，其中 20% ~ 30% 在沿岸流的作用下，由北向南扩散，直接影响杭州湾及以南海域水体的含沙量。含沙量分布特点为西部大于东部、南部大于北部、冬季大于夏季、大潮大于小潮、底层大于表层和岛屿周围大于开阔水域。受地形、水流、风、波浪以及季节的影响，不同水域的含沙量差异较大，平均含沙量为 0.05 ~ 2.0kg/m^3，最大可达 2.3kg/m^3。

三、海岸动力地貌

宁波-舟山港位于杭州湾和三门湾之间，甬江口以北为钱塘江河口段和杭州湾南侧平原区，甬江口以南为浙东低山丘陵区，岸外有舟山群岛星罗棋布。

（1）甬江口以北岸线呈弧形向北突出，以淤泥质河口平原海岸为主。沿岸潮滩发育，自甬江口向北渐渐展宽，至淹东镇宽达10km，为粉砂滩和粉砂淤泥滩。

（2）甬江口以南以基岩海岸为主，岸线曲折、港湾深入。沿岸陆域以低山丘陵为主，山间小湾为小型海积平原。平原海岸具有基岩海岸与淤泥质海岸相间的特征，基岩岸坡陡，以石滩和砂砾滩为主；淤泥质海岸淤泥滩和粉砂–淤泥滩发育，宽50 ~ 1000m不等，一般由石堤围护。

（3）舟山群岛由1390余个大小岛屿组成，是浙江天台山余脉向海里延伸露出水面的部分，受北东向构造的控制，自西南向东北分两行分布。各岛群在南北方向上呈西北–东南走向的排列，形成马鞍、嵊泗、崎岖、川湖、中街山、火山等列岛。

（4）宁波、舟山两市的山丘分布、岸线走向和岛屿排列受NNE、EW、ENE向构成控制，地质破碎，丘谷相间，岛屿交错、港湾纵横、水道深切，金塘、螺头、佛渡、牛鼻山等潮汐水道与外海相通，除牛鼻山水道外，天然水深大部分逾20m，是多通道深水良港。

四、岸滩演变

宁波–舟山海域泥沙主要来自长江等河流入海泥沙和内陆架沉积物再悬浮。钱塘江和甬江等沿岸河流来沙影响较小，长江每年入海泥沙约30%沿浙江沿岸南下。本区以沿岸流和潮流输沙为主，滩面大潮至小潮期淤，小潮至大潮期冲，冬淤夏冲和风暴潮时冲、风暴潮后回淤，海岸稳定性和淤积趋势因海岸地貌条件与动力环境不同而异。

（1）甬江口及其以北岸段受长江泥沙影响，含沙量高达0.5 ~ 5kg/m^3，泥沙运动活跃，岸滩冬冲夏淤，总趋势以淤为主，属淤涨型海岸。自14世纪以来，海岸最大外延16km，岸线平均外移速度为25cm/a，最大达74cm/a。目前，岸滩仍处淤涨状态，最宽处达10km。

（2）甬江口以南至穿山半岛、梅山岛岸段为潮流深槽形港湾，具有坡陡、水深流急、不淤的优势。–10m等深线距岸50 ~ 100m，主槽水深在30m以上，平均含沙量0.2 ~ 1kg/m^3，过境的泥沙不易落淤，主槽底部呈强烈的冲刷状态，砂砾质蚀余堆积或基岩出露；向岸边沉积物渐细，淤积主要在–10m等深线以浅，淤积强度小、季节冲淤变幅小、岸线淤长慢，梅山岛西南端潮滩年冲淤变幅为0.2 ~ 0.3m，台风时可达0.4 ~ 0.5m，属缓慢淤长型海岸。

类似的还有穿山半岛北岸的童家峙和南岸的郭巨等淤泥质平原海岸，其余岸段大部分稳定或微有蚀退，穿山半岛北岸馒头山附近和沙湾咀—崎头角—盛岙咀等迎风浪的基岩海岸为典型的蚀退型海岸。

（3）象山港岸段为峡道型海湾，地质构造属向斜谷，纵深60km，口门宽20km，港内宽3 ~ 8km。口外有梅山、六横等岛屿为屏障，周边山丘植被良好，无大河注入，年流域来沙仅14.5万t，主要影响口门段，湾内含沙量平均0.1kg/m^3，口门段0.15kg/m^3，口外0.3 ~ 0.5kg/m^3。象山港为潮汐通道海湾，纳潮量12亿m^3，落潮历时短、流速大。西泽至横山连线以西岸滩冲淤变化小，滩面平均淤积速度小于1cm/a，属稳定型岸滩；连线以东岸滩季节冲淤变化较明显，冬淤夏冲变幅10 ~ 20cm，滩面平均淤积速度大于1cm/a，属微淤型岸滩。

（4）象山港与三门湾间岸外海岸开敞、多小岛，岸线微曲，基岩岬角与浅海湾相间。基岩岸以侵蚀为主，海蚀崖较发育，岸滩窄、岸线较稳定；岬间小湾泥滩发育、水深小于5m，受波浪、潮流和岸流影响，滩面冬淤夏冲变幅10 ~ 40cm，平均淤积速度5cm/a，属缓慢淤涨型岸滩。

（5）三门湾为潮流作用为主的强潮流海湾，潮差大。港汊发育，呈指状深嵌内陆，水深5 ~ 10m，港汊之间舌状潮滩并列而生。以海域来沙为主，泥沙自湾口向湾顶运移，港汊受地形约束、水流顺畅，水深较稳定；湾顶滩地和港汊间舌状滩地因潮流动力相对较弱，缓慢淤涨。

（6）舟山群岛的海岸基本属于稳定型和侵蚀型海岸，大多数岛屿的迎风面由于受外海较强风浪和潮流的作用，岸线曲折，岬湾相间；而其他部位由于水流的作用，泥沙不易落淤，处于极缓慢的淤涨，基本上是稳定的，自然淤积强度较小，工程后改变水流流态会造成不同成度的冲淤。但由于该海域的水流流速较大，泥沙的回淤强度不大，据已有工程的经验和推算，年淤积强度平均为在0.2 ~ 0.9m/a，一般小于1m/a。

五、地质

宁波、舟山地区位于浙东南褶皱带北部，在大地构造上属于华南褶皱系东南褶皱带。由于地处浙闽粤沿海燕山期火山活动带北段，在燕山晚期受火山作用，火山地层十分发育，区内出露的岩系为中生界上侏罗统及下白垩统的火山岩系。地质构造呈一系列北东向紧密线型褶皱和以北东向为主，北西向、北北西向和南北向为辅的断裂构造格架。

（1）镇海、北仑地区为灰色淤泥和淤泥质土；褐黄色、灰绿色亚黏土和稍密～中密状灰黄色砾、圆砾、含黏性土砾石及软塑状灰色淤泥；灰绿色亚黏土、亚黏土、圆砾和含黏性土砾石；流纹斑岩和沉凝灰岩。其中，褐黄色亚黏土，灰黄色沙砾层和浅埋基岩为区内良好的桩基持力层。

（2）穿山半岛南北地区的沿岸陆域以高丘陵为主，地层自上而下为灰色淤泥和淤泥质粉质黏土；黄褐、黄绿色粉质黏土和粉土，中间软塑状灰色粉质土，底部偶有灰绿色含黏性土卵石、碎石；灰绿色凝灰岩，近岩岬段基岩上覆盖层薄或基岩出露海底。

（3）梅山岛以海积平原为主，第四系松散沉积厚达 80m 以上，其中的可塑状灰黄色亚黏土硬土层、稍密～中密状灰色沙砾石与中细砂夹亚黏土透镜体，基岩岩性为凝灰岩、流纹斑岩、火山沉积岩。

（4）象山地区主要为海积、洪坡积、残坡积及强风化沙砾岩，岩土层主要有褐灰色，深灰色淤泥质粉质黏土、深灰色粉质黏土、灰色粉细砂、灰色粉土、灰色和黄褐色中粗砂及混碎石、灰色和绿灰色粉黏土、灰绿色粉细砂、灰绿色强风化沙砾岩。

（5）石浦地区地层自上而下为灰色淤泥质粉质黏土、沙砾石、沙砾石含黏性土、灰色粉质黏土、黄褐色黏土、局部夹薄层沙砾石的黏土。

（6）定海、普陀山地区的地质构造主要分为淤泥质亚黏土、淤泥质黏土、亚黏土、沙砾石层、亚黏土、凝灰角砾岩。

（7）老塘山、野鸭山北段桩基持力层为硬黏土，中段以沙砾石层为主，南段外围硬黏土。

（8）岱山岛地质构造分为：杂填土、淤泥质亚黏土、亚黏土、碎石混亚黏土、强风化凝灰岩。

（9）大衢山到地质构造分为：淤泥、运政亚黏土、淤泥质黏土、坚硬强风化–中等风化晶屑凝灰岩。

（10）嵊泗为灰色细粉砂、灰色淤泥质亚黏土、灰色含砾粉细砂、灰色亚黏土夹粉细砂、灰绿色亚黏土、灰色亚黏土和晶屑凝灰岩。

（11）虾峙门出海航道水深小于 20m 的相对浅区东西长 11km，最浅水深 18.2m。据浅地层探测和地质调查报告，未发现基岩和浅埋的基岩，浅区均为全新统淤泥质亚黏土，厚 10 ～ 15m，表层有黄灰色淤泥。

六、地震

根据《中国地震动参数区划分》(GB 18306—2001)，确定甬江、大榭、梅山、象山港、石浦、六横6个港区的地震动峰值加速度为0.05g，地震抗震设防烈度为Ⅵ度。镇海、北仑、穿山、金塘、岑港、定海、沈家门、白泉、洋山、马岙、岱山、衢山、嵊泗13个港区的地震动峰值加速度值为0.10g，地震抗震设防烈度Ⅶ度。

第三节 发展现状

一、港口基础设施现状

（一）码头泊位

宁波-舟山港现有码头设施主要集中在镇海、北仑、穿山、大榭、老塘山、马岙、六横、洋山八个港区，汇集了全港绝大部分的煤炭、原油、铁矿石、集装箱以及成品油、液体化工品泊位。

2014年底，宁波-舟山港共有千吨级及以上生产性泊位419个（深水泊位162个），泊位总长度71.5km，综合通过能力8亿t。其中，宁波市域港口分别占56.6%、62.9%和62.5%，舟山市域港口分别占43.4%、37.1%和37.5%。

（二）航道锚地

1. 航道现状

宁波-舟山港现有近40条不同等级航路、航道，主要航路、航道包括外航路、东航路、中航路、西航路1（长江口—鱼腥脑段）、西航路2（鱼腥脑—金塘大桥—涂泥嘴环形道段）、西航路3（鱼腥脑—西堠门大桥—第十五分道通航制）、西航路4（涂泥嘴环形道段-第十五分道通航制—2号警戒区）、西航路5（2号警戒区—三门湾附近）、宁波-舟山港核心港区船舶定线制、条帚门主航道、条帚门支航道、福利门航道、梅山港区临时进港航道、老塘山进港主航道、马岙港区灌门航道、龟山航门航道、进菇茨航门航道、马迹山进港航道、马迹山中转东航道、洋山港区进港航道、洋山港区东支线航道内段、象山港进港主航道等。

目前，甬江通航等级分为三段：甬江大桥至外滩大桥可通航内河1000吨级船舶，外滩大桥至明州大桥可通航1000吨级海轮，明州大桥至招宝山大桥可通航3000吨级海轮。

2. 锚地现状

宁波–舟山港现有50余个锚地，主要锚地包括虾峙门口外候潮锚地、虾峙门南锚地、虾峙门北锚地、元山岛北锚地、虾峙岛南锚地、金钵盂西锚地、马峙2号锚地、马峙1号锚地（西）、马峙1号锚地（东）、马峙危险品锚地、野鸭山南锚地、野鸭山北锚地、金塘西锚地、七里锚地、象山港港外候潮锚地、石浦港引航锚地、石浦港港外锚地、香炉花瓶礁锚地、秀山东锚地、秀山东扩大锚地、秀山西锚地、五虎礁锚地、大鱼山锚地、马目锚地、东霍山锚地东区、东霍山锚地西区、马迹山港引航锚地、马迹山港2号锚地、马迹山港3号锚地、洋山港引航待泊锚地、衢山临时锚地、黄泽山锚地、洋山小型避风锚地、大洋山南1号锚地、绿华山南锚地（含20万t减载平台）等。

二、港口生产运营状况

（一）吞吐量发展情况

宁波–舟山港是我国著名的深水良港，位于上海国际航运中心南翼，已成为我国集装箱远洋干线港和大宗散货中转枢纽港，在长江流域乃至全国的集装箱、煤炭、油品、铁矿石等重要物资运输中发挥着重要作用。2014年，全港完成货物吞吐量8.7亿t，位列沿海港口第一位；其中外贸货物吞吐量4.2亿t，位列沿海港口第一位，集装箱吞吐量1945万TEU，位列沿海港口第三位。宁波对全港吞吐量、外贸吞吐量和集装箱吞吐量的贡献率分别为60.3%、71.0%和96.1%，舟山的贡献率分别为39.7%、29.0%和3.9%。详见表1-1、表1-2。

2014年宁波–舟山港全港客货吞吐量 表1-1

吞吐量类别	宁波–舟山港		宁波市域港口		舟山市域港口	
	小计	外贸	小计	外贸	小计	外贸
一、货物合计	87346	41882	52646	29723	34700	12159
1. 煤炭	10597	2110	7413	1153	3184	957
2. 石油及制品	13044	8509	7982	5318	5062	3191
其中：原油	9180	7394	6153	4864	3027	2530
3. 金属矿石	24148	12787	10220	5874	13928	6912
4. 钢铁	1202	91	992	80	211	11

续上表

吞吐量类别	宁波-舟山港		宁波市域港口		舟山市域港口	
	小计	外贸	小计	外贸	小计	外贸
5. 矿建	9958	0	1882	0	8077	0
6. 水泥	1283	27	1013	0	271	27
7. 木材	22	10	22	10	0	0
8. 非金属矿	480	2	480	2	0	0
9. 化学肥料及农药	20	17	20	17	0	0
10. 盐	136	86	135	86	1	0
11. 粮食	983	552	201	149	782	403
12. 其他	2882	916	1634	841	1248	75
13. 集装箱重量	19958	16767	19356	16184	602	583
其中，集装箱箱量（万 TEU）	1945	1722	1870	1649	75	73
14. 滚装运输重量	2633	8	1297	8	1336	0
其中：车辆数（万辆）	132	0	65	0	67	0
二、旅客合计（万人）	332		161		171	

注：表中未注明单位的单位为“万 t”

2014 年宁波-舟山港分港区主要货类吞吐量 **表 1-2**

港　区	合计（万 t）	煤炭（万 t）	石油（万 t）	金属矿石（万 t）	集装箱（万 TEU）
宁波-舟山港合计	87346	10597	13044	24148	1945
宁波市域港口	52646	7413	7982	10220	1870
1. 甬江港区	1661	218	114		
2. 镇海港区	4758	1816	231	26	66
3. 北仑港区	18998	2446	2837	6552	591
4. 大榭港区	8396	152	4594		267
5. 穿山港区	14960	1315	184	3642	792
6. 梅山港区	1212				154
7. 象山港区	2541	1458	2		
8. 石浦港区	121	8	20		
舟山市域港口	34700	3184	5062	13928	75
1. 六横港区	6068	2145	75	2212	
2. 沈家门港区	2019		140	10	
3. 定海港区	3603		2415		2
4. 岑港港区	6553	888	1467	2717	
5. 马岙港区	1291		489		
6. 白泉港区	147	147			
7. 金塘港区	1263				73

续上表

港　区	合计（万 t）	煤炭（万 t）	石油（万 t）	金属矿石（万 t）	集装箱（万 TEU）
8. 岱山港区	947		42		
9. 衢山港区	2803	4	7		
10. 嵊泗港区	9573		5	8982	
11. 洋山港区	433		422		

注：岑港港区即调整前的老塘山港区；嵊泗港区即调整前的泗礁和绿华山港区；岱山港区即调整前的高亭港区；白泉港区即舟山浪熹电厂以东新增港区；洋山港区吞吐量未计入上海国际航运中心洋山深水港区集装箱量 1520 万 TEU，下同。

宁波–舟山港主要运输货类为煤炭、石油及制品、金属矿石、集装箱和矿建材料，2014 年分别完成吞吐量 1.1 亿 t、1.3 亿 t（其中原油约 0.9 亿 t）、2.4 亿 t、1945 万 TEU 和 1.0 亿 t，分别占全港总吞吐量的 12.1%、14.9%、27.6%、22.8% 和 11.4%。

宁波市域港口目前的货物运输主要集中在北仑、穿山、大榭、镇海和甬江港区，五个港区完成的吞吐量占宁波吞吐量的 92.6%，占全港的 55.8%。

舟山市域港口当前的运输主体是嵊泗、岑港（老塘山）、六横、定海、沈家门、马岙港区，六个港区完成的吞吐量占舟山吞吐量的 83.9%，占全港的 33.3%。

宁波–舟山港铁路、公路、水路、管道集疏运方式完备，以水运为主。全港水路集疏运量约占总量的 60%、公路集疏运量约占 21%、铁路集疏运量约占 2%、其他集疏运量约占 17%。其中，原油以水管联运为主，金属矿石以水水中转为主，煤炭以水水中转、水铁联运为主，集装箱等其他货物主要通过水陆联运完成集疏港。

（二）主要港口企业现状

目前，宁波–舟山港的港口企业主要包括以宁波港股份有限公司、舟山港股份有限公司为代表的公共码头运营商，以及镇海炼化、宝钢集团等企业配套专用码头的运营公司两大类。

宁波港股份有限公司：2008 年，由宁波港集团有限公司与招商局国际等 7 家公司成立，其中宁波港集团占 90% 的股份。该公司是宁波公共码头的经营主体，主营集装箱、铁矿、原油、液化品、煤炭、件杂货等货物装卸业务，拥有 3000 吨级以上生产性泊位 63 个，综合通过能力 2.8 亿 t，完成货物吞吐量超过 5 亿 t，集装箱超过 2000 万 TEU。同时，公司着眼市场，以参股、合作等多种模式参与到舟山的集装箱、铁矿石等大型专业化码头开发和运营，并与长江南京港合作，积极布局运输网络。

舟山港股份有限公司：2011 年，由舟山港务集团有限公司通过重组成立，主营港口装卸服务、港口配套服务、港口综合物流业务，在舟山拥有生产性泊位 14 个，万吨级以上泊位 9 个，2014 年完成货物吞吐量 5228 万 t。同时，采取合资入股形式，参与到舟山大型集装箱、铁矿石、油品码头的建设和运营，提升企业竞争力。

镇海炼化、宝钢集团等企业专用码头运营公司：宁波–舟山港是长江三角洲地区外贸原油、铁矿石的中转基地。为满足生产需要，大型炼化、钢铁企业纷纷在此建设企业专用码头，其中，以北仑港区的镇海炼化算山原油码头、泗礁港区宝钢马迹山矿石码头为代表。近年来，受到资源利用率、运输效率和成本等多方面因素的考虑，大型港口货主企业采用合资、合作等模式，与实力较强的港口公共码头运营商合作，提高运营管理水平，并考虑面向社会提供公共运输服务。

三、港口保税物流现状

1. 宁波梅山保税港区

宁波梅山保税港区于 2008 年 2 月经中华人民共和国国务院批准设立，规划面积 7.7km^2，是我国第五个保税港区，也是浙江省唯一的保税港区。梅山保税港区具有口岸、保税物流、保税加工等功能，是我国开放层次最高、政策最优惠、功能最齐全的海关特殊监管区域。

2011 年 4 月 6 日，浙江省发展与改革委员会批复的《宁波梅山国际物流产业聚集区发展规划》将宁波梅山保税港区涵盖其中。宁波梅山国际物流产业集聚区是以宁波梅山保税港区为核心，规划范围包括梅山乡、春晓镇全域和白峰镇的郭巨、上阳片区，总面积约 240km^2。

2. 舟山港综合保税区

舟山港综合保税区按“一区两片”模式，设置本岛分区和衢山分区。本岛分区位于舟山经济开发区新港工业园区，衢山分区位于衢山鼠浪湖岛，规划总面积 5.85km^2。按照统筹规划、整体申报、分期建设的原则，分二期建设：本岛分区作为一期工程，建设面积 2.83km^2，将在 2013 年底完成保税封关运作；衢山分区作为二期工程，建设面积 3.02km^2，将在 2014 年底完成保税封关运作。

本岛分区规划陆域面积约 2.83km^2，包括保税物流区、保税加工区和综合配套服务区三大功能区，主要功能定位为以海洋装备制造业、海洋生物产业、电子信息产业等先进制造业和仓储物流为重点，并探索建立区域性大宗商品定价中心，发展航运服务和保险金融、咨询研发、商品会展及租赁等相关服务业。在综合保税区的北部，已建 1 个 3 万吨级泊位，拟规划建设 2 个 5 万吨级泊位和 1 个 3 万吨级泊位，作为综合保税区的配套码头设施。

衢山分区位于衢山鼠浪湖岛，规划陆域面积约 3.02km^2。目前已核准建设 2 个 30 万吨级（水工兼顾 40 万吨）矿石泊位，拟开展铁矿石保税业务。初步考虑衢山岛发挥其深水岸线资源优势，重点发展煤炭、矿石等大宗干散货的仓储、配送业务，建成我国重要的大宗商品仓储、中转基地。

第四节 规划实施效果

一、上一版规划实施效果总体良好，有效指导了重点港区规模化发展，初步适应了海洋产业发展要求，提升了港城发展品质

在上一版规划指导下，镇海、北仑港区发展渐趋成熟，巩固了综合运输核心港区的地位。穿山、大榭港区专业化码头建设加快，港区规模提高的同时，也面临着空间拓展的问题。随着大陆侧岸段发展空间日益饱和，重点启动了梅山港区开发工作，实施了七姓涂围填工程，实现了保税港区封关运作。同时，外海矿石、煤炭、粮食、油品专业化码头的建设，带动了六横港区、老塘山港区、岙山、鼠浪湖岛、外钓岛等快速发展。金塘港区大浦口集装箱码头建成，标志着集装箱专业化港区正式起步，随着海底光缆迁移问题的解决，建设步伐还将加快。舟山本岛马岙港区后方定海工业园区开发取得显著进展，规划的海洋产业配套码头岸线已基本使用完毕，迫切需要向西拓展发展空间。

重化工业集聚发展，LNG 新能源、船舶修造、海洋工程、粮油加工等一批临港工业相继落户，宁波–舟山港口作为产业配套的运输服务环节，初步适应了海洋产业的发展要求。同时，依托梅山保税港区建立的宁波梅山国际物流产业聚集区，带动了梅山水道沿岸滨海新城的整体开发，舟山港综保区本岛分区已成为海上花园城开发开放的主体，极大地提升了港城发展的品质。

二、集装箱、铁矿石、粮食运输系统码头布局，基本按规划实施

集装箱、铁矿石、散粮三大系统专业化码头均在原规划指导下合理布局、有序推进。

梅山港区10万吨级集装箱码头、金塘港区大浦口7万吨级集装箱码头、大榭港区招商国际10万吨级集装箱码头、穿山港区集装箱码头的陆续建成，缓解了集装箱码头通过能力不足的矛盾。2014年集装箱吞吐量1945万TEU，占长江三角洲港口比例从2007年的22%提高到27%，巩固了宁波-舟山港集装箱干线港地位。

穿山港区中宅15万吨级散货码头、六横港区凉潭25万吨级矿石码头、上海宝钢马迹山二期30万吨级矿石码头相继建成，以及在建的鼠浪湖岛矿石中转码头一期工程，极大地提升了长江三角洲地区外贸进口铁矿石大型泊位的接卸能力。2014年，外贸进口铁矿石一程接卸量1.3亿t，占长江三角洲及长江沿线地区外贸进口铁矿石总量的比例2007年以来一直保持在40%以上，为长江三角洲及长江沿线地区钢铁企业提供了较为充分的运输保障。

2010年，建成的老塘山五期工程，因后方粮食物流园区尚未形成规模，目前以通用散货工艺接卸外贸进口铁矿石，阶段性地缓解了矿石码头能力的不足。未来将结合宁波-舟山港新建矿石码头能力的释放和散粮运输需求的增长，进行功能调整，服务老塘山粮食物流基地建设。

三、煤炭、外贸进口原油、成品油、液体化工品码头布局及修造船码头岸线进一步拓展

规划内的宁波穿山港区光明集团通用散货码头、舟山六横浙江浙能电力股份有限公司煤炭中转码头陆续建成。同时，原规划的宁波穿山港区中宅煤码头，实际功能调整为外贸铁矿石为主，兼顾煤炭接卸，并在规划外的镇海港区新建了21 ~ 23号通用散货码头，配套建设了2000万t的煤炭中转堆场及海铁联运枢纽。2014年宁波-舟山港完成煤炭吞吐量1.1亿t，自2007年以来，占长江三角洲港口比例，一直保持在15%左右。

外贸原油运输系统方面，在规划内新增了大榭港区30万吨级中油码头、45万吨实华原油码头、岙山30万吨级原油码头。同时，正在建设黄泽山广厦石油、外钓岛光汇油品、册子岛二期45万吨原油、岙山万向二期等项目，拓展了外贸原油接卸系统码头布局。2014年，完成外贸原油吞吐量9180万t，占长江三角洲港口比例从2007年的74%提高到83%，为沿海沿江炼厂、石油贸易存储中转和保税船舶供油提供了运输保障。

成品油和液体化工品布局相对分散，除在原规划的油品作业区范围内实施了镇海港区、北仑港区、大榭港区、马岙港区和六横港区液体散货码头外，在烟墩、外钓、西蟹峙、六横、金塘、西白莲等新增布点，部分项目拟进行二期扩建。舾装码头、船坞及船台为修造船产业配套使用的港口岸线，在上轮规划中未作为规划重点予以明确。修造船产业近年的快速发展，空间上呈现散、乱、小的特点，使得部分中小岛屿过度开发，资源利用不尽合理，与城市规划和港口规划等相关规划不相协调。上述两类码头布局迫切需要规划，予以统筹。

四、港口吞吐量实际发展基本符合规划预测水平

原规划预测 2010 年宁波–舟山港货物吞吐总量为 6.1 亿 t，外贸 3 亿 t，煤炭 8000 万 t，原油 8900 万 t，金属矿石 1.5 亿 t，集装箱 1450 万 TEU。

对比 2010 年宁波–舟山港吞吐量实际完成情况，原预测总吞吐量、外贸吞吐量和主要货类吞吐量相差基本在 10% 以内，与规划预期符合性较好。其中，集装箱吞吐量低于预期 9.3%，主要是受到金融危机带给我国整体外贸增速放缓的影响；外贸煤炭高于预期一倍，主要是长江三角洲煤炭需求快速增长和国际煤价低于国内市场双重因素带来的外贸煤炭进口大幅度增长所致。

五、部分港区发展环境发生变化，需要进行功能调整或方案优化

在港口建设总体取得较大进展的同时，部分港区的实际发展与规划预期存在一定差异，需要进行调整和优化。镇海港区，规划为专业化油品作业区，随着进港铁路的扩建，煤炭铁海联运需求带动了散货运输的增长。北仑港区台塑（宁波）有限公司后方 8km^2 陆域拟进行整体开发，需要结合产业规划，完善码头作业区功能及布置方案。穿山港区部分规划外港口岸线正在开发，迫切需要明确功能和布置方案。大榭开发区为打造具有国际竞争力的石化产业基地，提出将原规划的通用码头区调整为石化产业配套液体散货作业区。梅山滨海新城战略的提出，对城市和港口的协调发展提出了更高的要求，配套实施的梅山水道封堵工程对原梅山港区规划方案以及六横疏港高速的

线位选择产生了重大影响，需要进行调整。

金塘岛原规划为以规模化集装箱码头为主的物流岛，但因为国际航运市场持续低迷，开发需求不强，集装箱运输发展缓慢，而地方发展海洋产业的需求日益强烈，北侧已实施连岛工程，需要重新研判集装箱发展规模，兼顾海洋产业发展需要。老塘山港区的烟墩段原规划为海洋产业配套港口岸线，实际已发展为专业化油品作业区。舟山港综合保税区的设立和钓梁区域的围填海工程，需要相应规划与之发展相适应的港口作业区。原高亭港区竹屿作业区正在形成新的城市中心。此外，LNG 新能源、邮轮、商品汽车滚装等发展要求日益迫切，对港口规划提出了新的要求。

第五节 综 合 评 价

一、发展特点

1. 吞吐总量、外贸吞吐量总体继续保持平稳快速发展

2000年以来，宁波–舟山港吞吐总量、外贸吞吐量继续保持平稳快速发展态势。2014年吞吐总量达8.7亿t，外贸吞吐量达4.2亿t，2000年以来年均递增分别为13.6%和14.8%，在长江三角洲地区港口吞吐总量和外贸总量的比例一直保持在1/4、1/3左右。14年间吞吐量和外贸吞吐量的平均增量分别为5186万t、2558万t，均达到了1990 — 2000年平均增量的4倍以上。

由于地区经济、集疏运通道和岸线资源等依托条件不同，大陆型和岛屿型港口发展存在一定差异。宁波市域港口凭借腹地经济的迅猛发展，始终保持着高速发展态势，2014年吞吐总量达5.3亿t，外贸吞吐量达3.0亿t，2000年以来年均递增分别为11.4%和13.3%。外贸吞吐量比例不断上升，从2000年的45%上升到2014年的56%。但2008年以来，宁波吞吐量增速明显放缓，逐年增量基本维持在2000万t左右。宁波–舟山港吞吐量变化如图1-2所示。

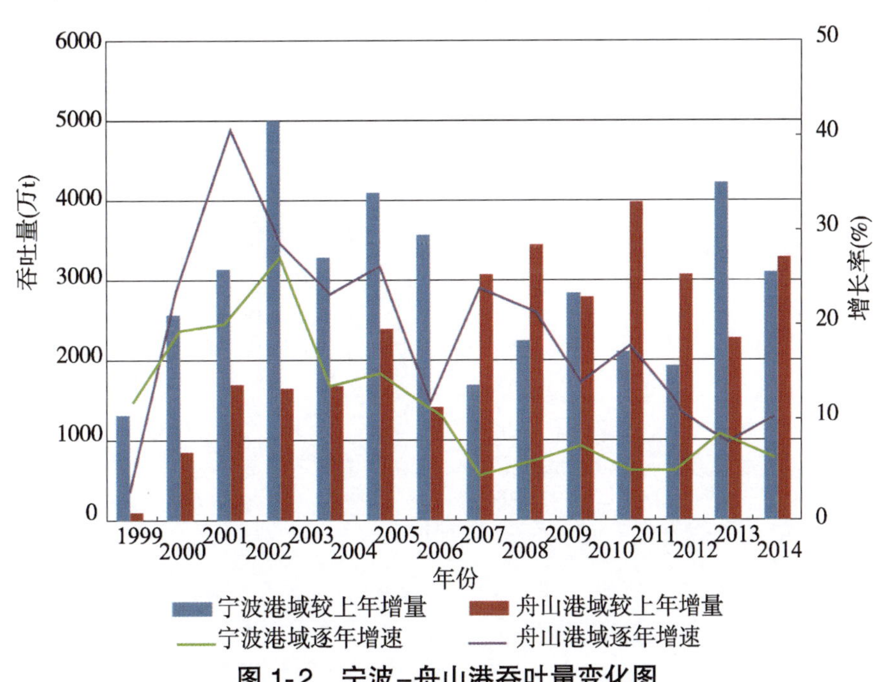

图1-2 宁波–舟山港吞吐量变化图

近年来，随着中化岙山石油转运基地、东海平湖油气田岱山原油中转站、六横浙能煤炭储运基地、凉潭岛武港矿石中转码头、中石化册子原油储运码头、宝钢马迹山矿石中转码头等大型企业专用码头的建成，舟山市域港口逐步承担起浙江沿海及长江沿线煤炭、原油和铁矿石等能源、原材料的中转任务，吞吐量快速增长。2014 年，吞吐总量达 3.5 亿 t，外贸吞吐量达 1.2 亿 t，2000 年以来年均递增分别为 18.6% 和 20.6%。特别是宁波-舟山港整合以来，舟山开发力度加大，吞吐量年均增量不断提升，2006 ~ 2014 年吞吐量年均增量达到 2850 万 t，超过宁波。

2. 集装箱运输地位显著提升，干线港作用进一步增强

2000 年以来，宁波-舟山港集装箱运输迅猛发展，集装箱吞吐量由 92 万 TEU 增长至 2014 年 1945 万 TEU，“十五”和“十一五”期间年均增速分别达到 41.7% 和 20.1%，受宏观经济疲弱影响，“十二五”期前四年年均增速回落至 10.3%。其中，2008 年以来受金融危机和欧债危机的冲击，我国沿海港口集装箱增长势头普遍放缓，但宁波-舟山港集装箱运输增速始终快于沿海港口的总体增速。随着集装箱吞吐量高速增长，宁波-舟山港在长江三角洲区域所占比例由 2000 年 13.7% 上升至 2014 年 27.2%，其作为上海国际航运中心南翼的作用显著增强。同期，宁波-舟山港集装箱运输在国际和国内的地位显著提升，在世界集装箱港口排名中由第 64 位上升至第 5 位，在中国大陆也由第 8 位上升至第 3 位，年均增幅居全球港口之首。

分航线来看，宁波-舟山港集装箱运输以国际航线为主导，内支线和内贸航线稳步发展。截至 2014 年底，已开通航线超过 270 条，较“十五”末期年均递增 6.9%。世界前 20 强班轮公司均已登陆宁波-舟山港，目前载箱量最大的集装箱船（1.8 万 TEU）已在北仑港区首航。

宁波-舟山港集装箱吞吐量及增速变化如图 1-3 所示。

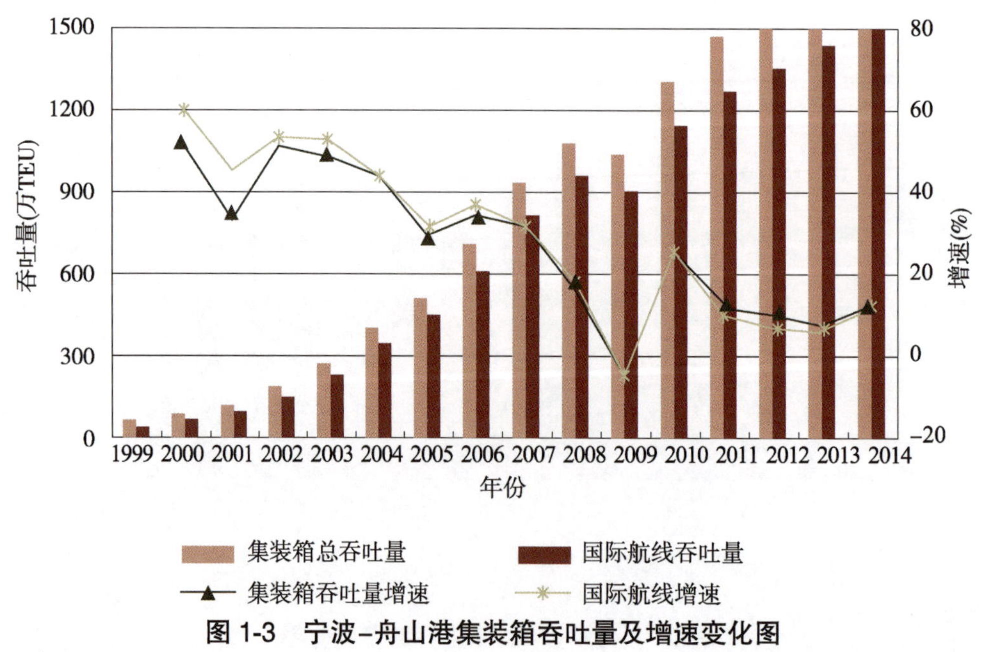

图 1-3 宁波-舟山港集装箱吞吐量及增速变化图

3. 大宗散货地位突出，是长江三角洲及长江沿线地区原油、铁矿石和煤炭运输的中转基地

石油、金属矿石、煤炭等大宗散货一直是宁波–舟山港运输的主要货类，2014 年共完成 4.8 亿 t 大宗散货运输，2000 年以来年均递增 10.5%。但由于集装箱等的迅猛发展，其所占比例有所下降，由 2000 年的 80% 下降到 2014 年的 55%。

宁波–舟山港已成为长江三角洲及长江沿线地区原油、铁矿石和煤炭运输的中转基地，2005 年以来，一直承担着长江三角洲及长江沿线地区 90% 以上的外贸原油一次调入量、45% 左右的外贸铁矿石一次调入量。港口调入煤炭量占浙江省需求的比例也由 2005 年的 30% 提升到 2014 年 45%。同时，浙江省外向型经济及临港工业的快速发展带来本地运输需求的增长，宁波–舟山港完成的吞吐量中服务浙江省的比例由 2005 年的 40% 逐步上升至 2014 年的 60%，增量约为 3.4 亿 t，主要集中在集装箱、煤炭和矿建材料三大货类，分别占增量的 40%、17% 和 26%。

宁波–舟山港主要货类吞吐量变化如图 1-4 所示。

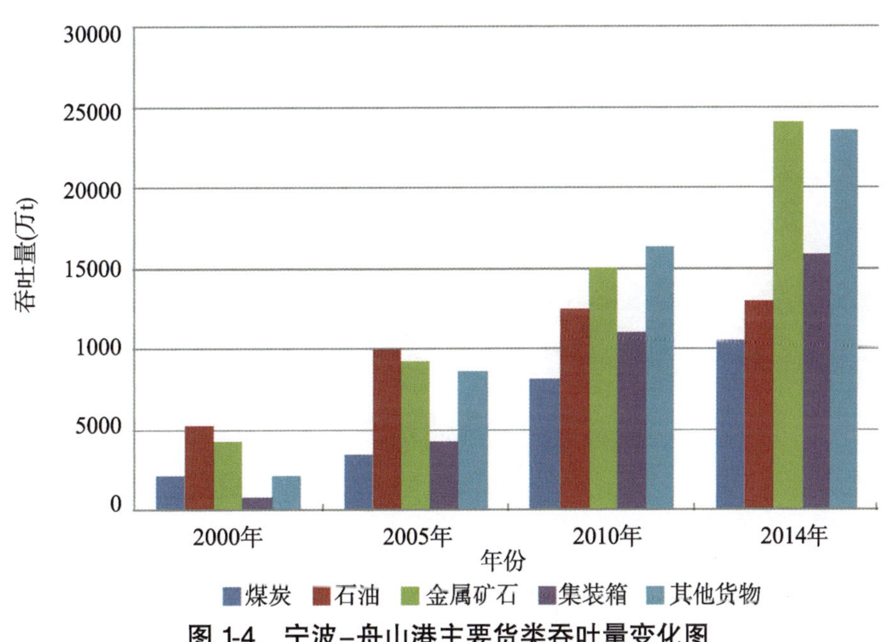

图 1-4 宁波–舟山港主要货类吞吐量变化图

4. 宁波、舟山发展不均衡，各自阶段性特征明显

宁波市域港口依托大陆优势起步较早，发展跨度时间长，空间布局相对集中，发展水平较高，长期以来是腹地物资运输的主战场，在宁波–舟山港中居于主体地位。经过多年发展，已基本建成了规模化、专业化程度较高的北仑、镇海、大榭港区，聚集了一批冶金、石化为代表的重化工业，发展较为成熟。穿山港区、梅山港区正在步入大规模开发阶段，成为近期港口建设的重点。甬江港区作为宁波港口的发祥地，受制于通航限制和城市化发展需要，发展较为缓慢，远期面临功能调整的压力。象山港、石浦两个港区受环保、军事等限制，未进行大规模开发，尚处于起步发展阶段。宁波市域港口总体上处于稳中求增的发展阶段，港口资源利用效率较高，但岸线资源不足是最大制约因素。

舟山市域港口受制于岛屿特点，腹地物资运输起步较晚，空间布局相对分散，发展的层次和水平逊于宁波市域港口。近年来，受腹地物资水水中转需求增长、连岛工程实施以及宁波资源条件不足等有利条件影响，舟山市域港口吞吐量快速增长，在全港中的比例持续攀升。其中，金塘岛、舟山本岛东北部处于起步发展阶段，六横、老塘山、马岙等港区已进入大规模开发阶段，将进一步支撑舟山市域港口吞吐量的持续增长。同时，修造船产业成为舟山海洋产业的主体，带动了岱山、舟山本岛西部、秀山、长白等岛屿的开发。舟山总体上处于快速扩张的发展阶段，以大岛开发为切入点，逐步扩散至周边小岛，其最大优势是丰富的岸线资源和群岛新区先行先试的政策，不足之处在于目前的吞吐量主要服务于腹地物资运输，对本地经济发展贡献有限，陆域空间不足和资源利用集约化程度低是发展中面临的主要问题。

5. 公用码头和企业专用码头协同发展、各有侧重

2014 年，宁波–舟山港公用、企业专用码头分别完成吞吐量 4.7 亿 t 和 4.1 亿 t。宁波、舟山受到各自服务方向、产业依托的影响，在码头开发模式选择上各有侧重。

宁波市域港口凭借着优良深水岸线资源和良好的产业依托，码头开发起步早，形成了以规模化公用码头建设为主的滚动开发模式，承担着腹地煤炭、铁矿石、原油等大宗物资转运和集装箱运输任务，着力推动大型化、规模化集装箱和散货公用码头的建设，并且随着港口功能的拓展，积极开发物流等现代服务，港口发展水平居于全国前列。2014 年，宁波公用码头完成吞吐量 4.2 亿 t，占宁波吞吐量的 80%。2005 年以来，宁波公用码头完成的吞吐量比例一直保持在 70% 以上，位居主导地位。

舟山市域港口作为离岸式岛群起步较晚，港口规模化发展是以大型企业配套专用码头建设为起步，主要满足腹地企业大宗能源物资的水水中转运输需求。随着中化岙山石油转运基地、东海平湖油气田岱山原油中转站、宝钢马迹山矿石中转码头、册子原油码头等大型企业专用码头的建成，其占舟山市域港口的吞吐量比例逐步加大。2014 年，企业专用码头完成吞吐量 3.0 亿 t，占舟山市域港口吞吐量的比例也由 2000 年的 86% 上升至 2014 年的 88%，占有绝对优势。

宁波、舟山市域港口公用和企业专用码头吞吐量发展变化如图 1-5 所示。

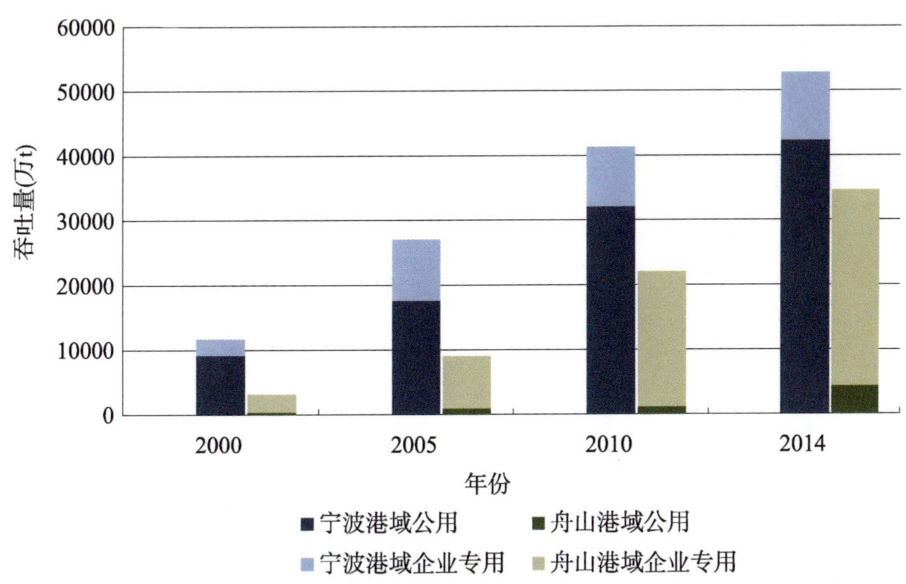

图 1-5 宁波、舟山市域港口公用和企业专用码头吞吐量发展变化图

6. 港口功能正在由传统运输逐步向保税、物流、贸易方向拓展

宁波-舟山港以传统的码头装卸仓储、中转换装业务起步，逐步发展成为我国综合运输的重要枢纽，并以优良深水岸线资源吸引了冶金、石化、电力等重化工业和粮油加工、装备制造等加工工业临港布局，传统运输和产业配套服务成为其主要的港口功能。梅山保税港区的建设，通过设立海关特殊监管区，将港口功能拓展至保税物流和保税加工。舟山群岛新区将依托舟山港综合保税区，重点发展海洋工程装备部件、船舶配件、国际服务外包和海洋生物医药等产业的保税物流、加工及相关增值业务。同时，国际物流枢纽岛的建设，将促进大宗商品储运中转加工交易，拓展港口的现代物流功能。对外开放门户岛建设，将利用新区先行先试的政策优势，加快建立自由贸易区和自由港区，全面推进贸易投资便利化，切实提高资源配置能力和对外开放水平，进一步完善港口功能，更好地服务于全球贸易。

二、地位作用

1. 宁波-舟山港是长江三角洲及长江沿线地区重要的海上门户，在腹地对外开放、全面参与经济全球化竞争与合作中发挥了重要作用

长江三角洲是我国沿海经济外向型程度极高的区域，宁波-舟山港承担了浙江省沿海港口外贸运输的 95%、国际航线集装箱的近 100%，长江三角洲及长江沿线地区港口外贸运输的 1/3、国际航线集装箱的 1/3，成为长江三角洲及长江沿线地区对外贸易

的主要口岸。随着腹地外向型经济的进一步发展，宁波-舟山港的外贸货物吞吐量从2007年的2亿t增长到2014年的4.2亿t。其中，国际航线集装箱吞吐量增长迅速，2014年新增集装箱量占长江三角洲港口群的65%，航线结构持续改善，外贸集装箱实现直达运输。港口的快速发展为腹地参与国际经济合作和竞争，承接国际生产要素和产业转移发挥了重要作用。

2. 宁波-舟山港是长江三角洲及长江沿线地区经济发展的重要基础，支撑了腹地工业化和生产力布局的调整

长江三角洲是我国重化工业的集聚发展区，国家四大炼油基地有三个布局在长江三角洲。同时，长江沿线也是我国能源、冶金、石化等重化工业布局的重点区域。能源、原材料外调，产成品外销的“两头在外”的资源要素分布特点，决定了水运在物资运输中的绝对主导地位，经济发展对港口具有较强的依赖性。宁波-舟山港以水水中转和管线直输的方式，承担长江三角洲沿海港口25%的吞吐量，为广大腹地经济发展提供了重要条件。煤炭、铁矿石、石油等货类的快速发展直接支撑了腹地钢铁、石化以及其他产业的发展，港口运输加快了腹地工业化进程。同时，港口的发展吸引了开发区、产业园区向沿海、沿江集聚，促进了区域生产力布局的优化调整。

3. 宁波-舟山港是浙江省海洋经济示范区建设和宁波、舟山两市工业结构转型升级、海洋产业集聚发展的重要依托

浙江省是我国经济发达的沿海对外开放省份之一，为适应复杂的国内外经济环境和市场变化，浙江省不断推动经济产业转型升级，依托港口资源发展海洋产业，将海洋经济作为新的增长点，实现从劳动密集型产业向资本密集型、从传统产业向高新技术产业的转变，改变工业结构偏轻、偏小的不足。“十一五”以来，浙江省装备工业和高技术产业的比例不断上升，生产总量现已超过轻工业，2014年规模以上工业增加值中重工业达到57%；海洋产业比例约占15%。宁波、舟山市均位于浙江省海洋经济示范区核心区域，两市经济的发展对港口依赖程度更为突出。宁波和舟山两市GDP、工业总产值占全省的比例由2005年的20%、22%分别上升至2014年的22%、25%。其中，宁波初步形成了石化、钢铁、汽车、造船等沿海临港产业带和宁波杭州湾、梅山两个省级产业集聚区，成为华东地区重要的能源原材料基地和先进制造业基地。2014年规模以上临港重工业产值占宁波全市规模以上工业产值的70%以上。舟山经济正在向以临港工业、港口物流、海洋旅游、现代渔业为主导的特色海洋产业体系转变，工业和物流比例逐年增加。2014年舟山市海洋产业生产总值713亿元，占地区生产总值的69.8%。作为直接腹地的重要依托，宁波–舟山港在促进工业结构转型升级和海洋产业集聚发展方面发挥的作用显著。

4. 宁波–舟山港是国家战略能源物资的主要储备、中转基地，为国家能源物资运输安全提供重要保障

外贸进口的铁矿石、进口原油、煤炭是国民经济安全运行、平稳发展的重要战略资源，除及时为长江三角洲及长江沿线重化工业提供有效供给外，着眼于国家经济安全的重要能源物资储备也至关重要。我国先后在宁波镇海、舟山岙山等地，依托大型原油接卸码头，建设了一批战略石油储备库，中国中化集团公司、中国石油天然气集团公司、光汇石油（控股）有限公司等大型油品供应商，也在同步加紧商业储备库建设，以进一步提高我国石油储备的安全期。

同时，宁波–舟山港依托区位及资源特点，先后建成了马迹山矿石码头一、二期工程，凉潭武港矿石码头工程，六横煤炭中转基地，镇海煤炭铁海联运枢纽等，在建的鼠浪湖矿石码头工程，具备建设40万t矿石接卸码头的资源条件，从港口资源上可满足超大型铁矿石船接卸要求，提高战略能源物资的保障能力。

5. 宁波–舟山港是建设舟山群岛新区、打造宁波国际港口城市的核心基础

宁波市起于甬江，随着北仑深水港区的开发建设，完成了由内河城市向海港城市转变，并形成三江片、镇海片、北仑片相对独立的滨海临江空间发展格局。依托专业化码头的建设，宁波–舟山港促成了工业的沿海集聚，并支撑了宁波经济开发区发展壮大和梅山保税港区等园区的起步发展，港口成为打造宁波国际港口城市的重要基础和城市名片。

舟山群岛新区的设立，提出了“四岛一城”的建设目标。其中，国际物流枢纽岛、海洋产业集聚岛的核心均是以大宗商品专业化码头布局和海洋产业配套发展的港航物流服务为基础；对外开发门户岛则要求发挥港口在对外贸易中的优势，从综合保税区向自由贸易区逐步转变，国际休闲旅游岛对邮轮、游艇码头的发展提出了迫切的需求。宁波–舟山港是舟山群岛新区成为国际性的港口和海洋旅游城市、国家海洋经济发展先导区的核心及优势所在。

三、存在问题

1. 发展环境面临新的形势，港口功能有待提升

浙江省海洋经济示范区和舟山群岛新区的建设，极大地改善了宁波–舟山港发展的外部环境，大宗商品交易、国际物流、自由贸易等功能定位，在为港口吞吐量增长提供有利条件的同时，要求港口进一步拓展功能，提升服务水平。虽然梅山保税港区和舟山港综合保税区的设立，已将港口的传统功能开始向保税物流和保税加工方面拓展，但总体上还处于起步阶段，保税物流规模较小，国际中转、国际采购、国际配送等功能较为薄弱。

同时，与世界先进港口相比，宁波-舟山港的现代物流功能尚有待进一步提升，港口生产活动仍以装卸、堆存、转运等传统物流活动为主，现代物流设施、信息、政策平台建设有待加强，流通加工、分拨配送、信息处理、供应链管理等现代物流服务刚刚起步，在整体规模和服务水平上与国际物流岛的要求仍有很大差距。海洋产业集聚岛和国际生态休闲岛的建设，要求港口由被动适应海洋产业发展向主动引领转变，并积极拓展邮轮游艇服务功能。此外，与国际贸易和航运市场紧密相关的金融、保险、咨询、仲裁、人才培训等高端服务业还很不发达，均难以适应新时期宁波-舟山港的发展需要。

2. 资源环境要素制约明显，港口布局亟待优化

岸线、土地、水域、集疏运通道是港口发展的关键基础要素，宁波-舟山港部分老港区在实现规模化开发的同时，岸线、土地资源优势消耗殆尽，难以为继。随着宁波主城区的逐步东移，北仑港区的发展空间受到极大制约。梅山滨海新城建设对六横疏港高速和梅山港区开发影响深远，岱山竹屿新区要求取消原有货运港区规划，港城在空间发展上的矛盾日益加剧。舟山土地成为制约其发展的瓶颈，可供规模化开发的陆域相对稀缺，需要开山围海支撑深水岸线资源的开发，大部分岸线水深条件良好，但掩护条件较差，港口开发代价较大。其次，集疏运体系不完善、通道建设滞后、能力不足。综合运输核心港区集疏运道路拥堵严重，与城市交通矛盾突出。多式联运衔接不畅、发展缓慢，河海联运受制于杭甬运河扩建工程而停滞不前，海铁联运发展严重滞后。这些制约因素要求港口通过拓展空间来实现布局的优化。

此外，宁波-舟山港海域内航线密集、纵横交织，随着船流密度的不断增大，海域通航环境渐趋紧张，在中部核心水域表现尤为突出。该水域汇集了北仑、镇海、穿山、大榭、金塘等主要港区，涵盖了运输原油、集装箱、煤炭、铁矿石、LNG等主流大型船舶，通航风险高、监管压力大。由于军事、环保、管线等限制条件较多，航道和锚地建设长期滞后于码头建设需要，对港口发展形成制约。同时，该区域油品储运规模庞大且布局集中，溢油防控风险高度敏感，环保要求严格控制新建油品码头，应对现有环境风险隐患较大的油品码头和储运设施进行优化整合，完善港口功能布局。

3. 岸线利用缺少统筹和规范，港口资源亟须整合

原规划对宁波–舟山港的空间布局及港口岸线资源做了统筹规划，但在引导港口资源有序开发方面略显不足。一方面，对于规划内的港口岸线开发缺乏主动引导，客观导致项目选址零散、产业布局难成规模。仅以修造船码头为例，全港的岸线投入产出率仅为76.6万载重吨/km，远低于上海外高桥船厂的162.5万载重吨/km，降低了港口资源的整体效益，而港口行政管理部门在实施行业管理时，缺乏规划引导的依据。同时，原规划预留了部分港口岸线用于远期开发，未确定功能和平面方案，由于没有明确开发前提而导致提前建设，客观上使资源无序开发的局面加剧。

另一方面，成品油和液体化学品码头因为规模小、附加值高、市场需求分散、运输敏感性不强、对岸线及陆域条件要求不高，选址比较灵活。油品储运和修造船项目如不加以科学引导、集中布局，极易造成空间布局上的杂乱无章。待开发的港口岸线需要根据港口发展的新形势、新要求，结合岸线资源条件、城市空间拓展、产业布局调整等因素加以规范和引导。

第二章 港口性质与功能

第一节　港口发展的宏观环境

一、国家区域发展战略要求

“十一五”期以来，国家提出转变经济发展方式、扩大内需、统筹城乡发展、推动产业结构升级等要求和部署，进一步推动东部地区产业转型、加快中西部地区发展。在长江流域，国家先后出台了武汉城市圈、长株潭城市群、皖江城市带、成渝经济区、江苏沿海开发、苏南现代化建设示范区、浙江海洋经济发展示范区、舟山群岛新区等一系列区域发展规划。一方面，鼓励沿海产业空白带和中西部地区的产业、资金、人才等资源向产业基础较好、交通便利的城市群集聚，形成经济发展新的增长点、缩小区域间差距；另一方面，加快推动经济发达地区“先行先试”，为其他地区起到示范和借鉴作用。

特别是即将出台的依托黄金水道建设长江经济带、丝绸之路经济带、21世纪海上丝绸之路的“两带一路”区域发展战略，更是凸显了互联互通、开放合作的新时期区域发展战略的主题。“两带一路”战略主要通过“区域推进”方式，发挥长江三角洲地区带动和辐射作用，加强发展水平差异较大的省、直辖市之间的经济联系，建立统一要素市场，形成联动的格局。发展战略着眼于对外开放合作，通过建设丝绸之路经济带和21世纪海上丝绸之路，大力加强中国与中亚、西亚、欧洲和非洲的商贸合作，保障中国未来经济发展的资源需求。与此同时，在更广阔的领域、更高的平台上探索多项战略合作，开创经济与政治双赢的新格局。面对以上关系我国经济社会发展全局的重大发展战略部署，长江三角洲地区作为提升国家综合实力和国际竞争力的重要引擎，正处于转型升级的关键时期，必须进一步增强综合竞争力和可持续发展能力，带动长江流域乃至全国全面协调可持续发展。这也是国家在新形势下出台《长江三角洲地区区域规划纲要》、《浙江海洋经济发展示范区规划》和设立舟山群岛新区的根本出发点。

1.《长江三角洲地区区域规划纲要》

《长江三角洲地区区域规划纲要》要求宁波发挥产业和沿海港口资源优势，推动宁波–

舟山港一体化发展，建设先进制造业基地、现代物流基地和国际港口城市；要求舟山发挥海洋和港口资源优势，建设以临港工业、港口物流、海洋渔业等为重点的海洋产业发展基地。加快宁波铁路枢纽北环线以及疏港铁路建设，整治杭甬运河，提高沿海港口集疏运能力。强化货运枢纽功能，尤其是大宗散货海进江中转、海铁联运运输功能，建成海陆联运的综合运输枢纽和全国性大型物流中心。

宁波-舟山港应进一步加强海铁、江海等集疏运体系建设，完善铁矿石、原油、煤炭、粮油等大宗散货接卸转运系统和集装箱运输系统，以适应先进制造业产业的合理布局。同时，注重与国际港口城市相关功能区的关系，力促港城和谐。

2. 《浙江海洋经济发展示范区规划》

《浙江海洋经济发展示范区规划》提出构建“一核两翼三圈九区多岛”的海洋经济总体发展格局。构筑由大宗商品交易平台、海陆联动集疏运网络、金融和信息支撑系统组成的“三位一体”港航物流服务体系，加快推进以宁波-舟山港为核心的大宗商品储运加工贸易基地和集装箱干线港建设，形成大宗商品国际物流中心，保障国家战略物资供应。加快发展现代海洋产业，建设国家级海洋先进装备制造业和海洋工程装备基地、海水淡化技术装备制造基地、海洋休闲旅游目的地等，择优发展新型环保石化、能源、船舶、汽车、造纸、钢铁等临港先进制造业。

长江三角洲地区是全球性产业转移和跨国投资的热点地区，受到国家宏观调控、资源约束、产业环境变化的影响，经济进入战略转型期。浙江省提出通过大平台、大产业、大项目、大企业建设来加快经济转型升级，并把海洋经济作为全省经济发展的新增长点，而沿海地区是浙江省发展海洋经济的主要区域和潜力所在。其中，以宁波-舟山港海域、海岛及其依托城市为核心区，规划建设全国重要的大宗商品储运加工贸易、国际集装箱物流、滨海旅游、新型临港工业、现代海洋渔业、海洋新能源等基地，将对港口集装箱、大宗能源及外贸物资的运输保障能力提出更高的要求。

宁波-舟山港在加快发展，增强在长江三角洲集装箱、海进江运输系统中的支撑保障作用的同时，应统筹港口与宁波都市圈空间拓展、产业带及产业集聚区发展要求、“三位一体”港航物流服务体系构建之间的关系，以及港口传统运输、临港重化工业与港口现代物流、新兴临港工业、现代海洋产业、滨海旅游等方面的关系，注重港口功能的拓展。同时，着重加强岸线资源的统筹规划，坚持开发与保护并重，集约利用深水岸线、海岛、海洋能等资源，规范资源开发行为，切实保护海岛，满足浙江省建设海洋经济强省、推动产业转型升级的要求。

3. 《浙江舟山群岛新区发展规划》

2011年6月，国务院下发《关于同意设立浙江舟山群岛新区的批复》（国函〔2011〕77号）。2013年1月，《浙江舟山群岛新区发展规划》获批，规划明确提出未来20年，舟山群岛新区要推进实现大宗商品储运中转加工交易中心、东部地区重要的海上开放门户、重要的现代海洋产业基地、海洋海岛综合保护开发示范区和陆海统筹先行发展区，重点打造"国际物流枢纽岛"、"对外开放门户岛"、"海洋产业集聚岛"、"国际生态休闲岛"和"海上花园城"。

浙江舟山群岛新区作为以海洋经济开发为主题的国家新区，以先行先试为契机，探索海洋经济发展新路径，实现对战略资源的支配保障能力，获取对海洋资源利用开发的国际领先地位，保障国家经济安全运行并加强国际竞争力。因此，需要以宁波—舟山港为核心，建设"国际物流枢纽岛"、大宗商品储运加工交易中心，提升我国全球资源配置能力和定价权。"对外开放门户岛"的建设，突出了宁波-舟山港口在国际贸易中的对外窗口作用，依托宁波-舟山港口加快建设舟山港综合保税区，加快建立舟山自由贸易区，逐步研究建设舟山自由港区，以更高层次参与国际资本与资源配置。"国际物流枢纽岛"和"对外开放门户岛"的建设不仅需要形成散货、集装箱等大宗商品物资储运、中转基地，并且要加快发展贸易、信息、金融等相关航运服务产业，涉及港口运输与保税区相关优惠政策的利用和衔接。"海洋产业集聚岛"体现了海洋战略新兴产业及海洋装备制造业对港口的要求，"国际生态休闲岛"体现了旅游、客运、邮轮等对港口的要求。舟山群岛新区的建设在推动港口大型专业化码头集约化发展的同时，应进一步拓展港口国际贸易一体化的运输服务、物流分拨中心、信息化等功能，并创新发展模式，发挥港口对经济的示范带动作用。

4. 海上丝绸之路和长江经济带战略

十八届三中全会通过的《中共中央关于全面深化改革若干重大问题的决定》中明确提出："加快同周边国家和区域基础设施互联互通建设，推进丝绸之路经济带、海上丝绸之路建设，形成全方位开放新格局。"建设21世纪"海上丝绸之路"战略，是我国构建立足东南亚、联通南亚、辐射中东等地区的战略合作带和实施海洋战略的重要平台，是拓展我国发展空间、提高能源资源安全保障、支撑经济持续健康发展的重要任务，是实施西向战略、构建全方位对外开放新格局的战略举措，具有重大的现实意义和深远的历史意义。

宁波–舟山港作为我国与东南亚地区海上货物交流量第四大港口，在国家海上丝绸之路战略中具有突出的地位，21世纪海上丝绸之路战略的实施，要求宁波–舟山港在本地区，乃至全国的新一轮对外开放中发挥更加突出、更加重要的作用。

2014年9月，国务院印发《关于依托黄金水道推动长江经济带发展的指导意见》，明确提出依托长江黄金水道，高起点、高水平建设综合交通运输体系，推动长江上中下游地区协调发展、沿海沿江沿边全面开放，构建横贯东西、辐射南北、通江达海、经济高效、生态良好的长江经济带。因此，未来经济带沿线地区的发展应站在全流域的角度，充分依托长江黄金水道，发挥港口综合交通枢纽作用，统筹长江流域经济、文化、综合交通等各种资源，有序和有重点地推进沿江各省市产业转移和承接，在我国产业结构升级中发挥示范和导向作用。宁波–舟山港作为长三角及长江沿线地区物资运输的重要中转基地，必须进一步增强支撑腹地经济的综合服务水平和可持续发展能力，积极带动长江经济带外向型经济的发展，引导产业布局，服务于长江经济带全面协调可持续发展。

国家区域发展战略对宁波–舟山港的具体要求，见表2-1。

国家区域发展战略对宁波–舟山港的要求 表2-1

区域发展战略	《长江三角洲地区区域规划纲要》	《浙江海洋经济发展示范区规划》	《浙江舟山群岛新区发展规划》	海上丝绸之路和长江经济带战略
影响范围	长江流域	浙江沿海	舟山	一路一带
战略定位	是亚太地区重要的国际门户、全球重要的现代服务业和先进制造业中心、具有较强国际竞争力的世界级城市群	是我国重要的大宗商品国际物流中心、海洋海岛开发开放改革示范区、现代海洋产业发展示范区、海陆协调发展示范区、海洋生态文明和清洁能源示范区	浙江海洋经济发展的先导区、海洋综合开发试验区、长江三角洲地区经济发展的重要增长极	构建立足东南亚、联通南亚、辐射中东等地区的战略合作带和实施海洋战略重要平台； 推动上中下游协调发展，沿海、沿江、沿边全面开放
发展诉求	通过打造国际金融、国际商务服务体系、国际物流网络体系，建成现代服务业集聚区和先进制造业集群，提升长江三角洲地区战略地位，激发地区发展活力	通过海洋经济示范区的建设，改变浙江省长期累积的发展空间散、产业层次低的问题，推动浙江省加快转变经济发展方式	以先行先试为契机，探索海洋经济发展新路径，成为海洋经济发展的突破口	拓展我国发展空间，提高能源资源安全保障，构建全方位对外开放新格局；依托长江黄金水道，发挥港口综合交通枢纽作用，有序和有重点地推进产业转移和承接

区域发展战略	《长江三角洲地区区域规划纲要》	《浙江海洋经济发展示范区规划》	《浙江舟山群岛新区发展规划》	海上丝绸之路和长江经济带战略
影响范围	长江流域	浙江沿海	舟山	一路一带
对宁波-舟山港的要求	发展集装箱运输和大宗散货中转运输，通过大型专业化码头建设，完善铁矿石、原油、煤炭、粮油等大宗散货接卸转运系统和集装箱运输系统	明确了宁波-舟山港的核心地位。中部重点发展集装箱现代物流，统筹发展油品、散货等大宗商品储运、中转和贸易；北部重点完善海进江系统	通过大宗商品储运中转加工交易中心建设，打造国际物流枢纽岛，发挥港口综合保税区功能和政策优势；打造对外开放门户岛；通过海洋产业开发，打造海洋产业集聚岛	增强支撑腹地经济的综合服务水平和可持续发展能力，积极带动长江经济带外向型经济发展，引导产业布局，实现长江经济带全面协调、可持续发展
港口作用	完善运输体系 适应产业发展	转变发展方式 强化物流枢纽	拓展港口功能 引领产业发展	保障能源安全 促进协调发展

长江流域的多个区域发展规划为宁波-舟山港的发展注入新的动力。国家近期重点推进的长江中国经济升级版支撑带的战略研究，是站在整个长江流域的角度，依托长江黄金水道，发挥港口综合交通枢纽作用，统筹长江流域经济、文化、综合交通等各种资源，重点、有序地推进沿江各省市产业转移和承接，将在我国产业结构调整和升级中发挥示范和导向作用，港口将由被动满足经济发展需要，转向主动为经济增长创造条件。

二、腹地经济社会发展要求

1. 长江流域各区域规划的实施为宁波-舟山港口发展带来良好的机遇，要求宁波-舟山港口发挥综合运输枢纽作用

为实现我国区域经济协调发展，国家相继出台了《加快推进上海国际金融中心和航运中心建设的意见》和《长江三角洲地区区域规划纲要》，批准了皖江城市带承接产业转移示范区、鄱阳湖生态经济区、武汉城市圈、长株潭城市群、重庆两江新区、成渝经济区、浙江海洋经济示范区、舟山群岛新区等区域发展规划，特别是《国务院关于依托黄金水道推动长江经济带发展的指导意见》，将带动长江经济带进入新一轮的发展阶段。这些区域规划及战略的实施，不仅需要长江三角洲地区加快产业升级，推进现代服务业发展，建设国际先进制造业基地，提升在世界产业链的地位，更要发挥对中西部地区的技术溢出效应和产业关联效应，为中西部发展腾出分工环节和市场空间，搭建全球产业链和国内产业链之间良性互动关系，最终实现区域经济的协调发展。区域间经济、产业和交通运输的内在联系的进一步加强，将带来运输需求的量和质的共同提高，对长江三角洲地区港口提出更高的要求。宁波-舟山港作为长江三角洲地区的重要综合运输枢纽，上海航运中心的重要组成部分，将充分发挥独特的区位优势，在与周边港口合理分工的基础上，继续加快航道、码头等设施的发展步伐，在腹地集装箱、大宗能源物资运输中发挥枢纽作用，为腹地经济的增长提供充足的保障。

2. 区域经济一体化进程的推进，要求港口拓展发展空间、增强辐射范围

长江三角洲地区区域融合正在进入加速期，资源区域性配置、产业区域性转移、交通体系区域共建逐步成为趋势和共识。响应区域一体化发展趋势，长江三角洲地区将加强产业及地区间的融合，通过互补与协作共同发展，通过集聚与优化提高竞争力。特别是随着杭州湾跨海大桥、沪杭高速铁路等交通基础设施的建成，大大缩短江苏、浙江、上海“两省一市”经济最发达地区集装箱陆上集疏运的距离，进一步拓展了宁波-舟山港集装箱运输的辐射范围。同时，舟山连岛工程的实施加强了舟山深水岸线资源与大陆产业带的联系，既延伸了海洋产业发展的空间，又为港口岸线资源开发寻找到产业支持，实现岸线资源的有效利用。腹地区域一体化改善了港口的发展环境，要求宁波-舟山港口拓展空间，增强辐射范围。

3. 经济可持续发展要求港口优化布局，努力实现资源的高效、合理利用

宁波-舟山港区位优势明显，深水岸线资源丰富，特别是浙江海洋经济区、舟山群岛新区等区域规划的实施，为港口开发、海洋产业引进提供政策支撑。目前，宁波尚未开发的深水岸线资源有限，大型专业化码头发展重点已逐步向舟山转移。现有岸线开发方式比较粗放，后方用地利用程度偏低，同时企业纷纷提出在舟山建设油品、散货储运中转的设想，服务功能趋同。今后城市观光、生活以及其他海洋产业的发展对土地和岸线资源需求较大，港口未来发展面临的资源约束将非常严峻。因此，在宁波-舟山港口的开发，应在优化布局的前提下，一是要加强土地和岸线资源的有效利用和合理保护，二是要避免低水平的重复建设，通过技术改造和管理模式的优化，提高既有设施和新开发资源的利用率，提高港口现代化、集约化的发展水平，实现港口可持续发展。

综上所述，区域经济战略的实施将带动长江流域新一轮的经济发展，将进一步强化宁波-舟山港在腹地集装箱、大宗散货运输中的枢纽作用，为港口吞吐量增长提供有力支撑。区域资源、环境容量的限制，要求宁波-舟山港拓展空间、优化布局，提高港口现代化、集约化水平，实现可持续发展。

三、区域港口发展格局

1. 全国沿海港口发展态势

“十二五”期，沿海港口将继续以转变发展方式、加快发展现代交通运输业为主线，坚持优化发展与协调发展，把优化港口布局与结构、促进港口发展方式的转变作为发展的重点，在扩大通过能力的同时，大力拓展临港工业、现代物流等功能，积极发展现代航运服务等高端服务产业，提升港口服务水平。促进港口与城市发展的相互协调；促进岸线、海洋、土地资源利用的相互协调；促进港口与铁路、公路等运输方式的衔接和协调。通过建设专业化码头和整合港区作业货类，提升港口专业化、规模化水平。鼓励发展公用码头，鼓励为企业专用码头提供社会化服务，提升港口公共服务水平。

2014 年，全国沿海港口完成货物吞吐量 91.3 亿 t，“十二五”前四年年均增速 8.8%，低于“十一五”期 14% 的年均增速。从绝对量看，“十二五”前四年年均净增量 6.6 亿 t，高于“十一五”年均 6.3 亿 t 的增量水平。煤炭、原油、铁矿石、集装箱四大货类吞吐量占总吞吐量的比例总体保持稳定，2014 年约为 65%。“十二五”期前四年沿海港口新增能力 23.6 亿 t，低于“十一五”期年均增长超 5 亿 t 的建设规模。2015 年底，沿海港口通过能力为 79 亿 t。

从主要运输系统建设情况来看，北方煤炭装船码头保障能力充分，南方煤炭中转储运基地建设加快。外贸进口原油运输系统码头建设仍然较快，能力储备充裕。外贸进口铁矿石运输系统码头建设加快。集装箱运输系统码头建设与能力投放趋缓。LNG、邮轮等码头建设明显加快。

2. 长江三角洲港口群发展特点及趋势

长江三角洲地区包含的上海、江苏、浙江“两省一市”，其面积占全国的 2.2%，人口占全国的 1/10，创造了全国近 1/4 的国内生产总值、1/3 以上的外贸进出口总额。该地区是我国经济发展水平最高、外向型经济最活跃、城市化水平最高的地区之一，在全国经济、社会发展中占有重要战略地位。

长江三角洲港口群在促进区域经济社会快速发展中的地位举足轻重。经多年发展建设，各港口实现了竞合有序、各负其责，以上海港、宁波-舟山港、苏州港、南通港、镇江港、南京港、温州港为主要港口的分层次布局日益清晰，基本形成了以上海港为中心，浙江宁波-舟山港和江苏苏州港及长江干线南京以下港口为两翼的上海国际航运中心集装箱运输系统；依托宁波-舟山港的深水岸线资源和长江干线南京以下的港口岸线资源，形成外贸大宗散货海进江中转运输系统和江海物资转运系统。2011 年底，该区域共有生产性泊位 1668 个，其中深水泊位 751 个，通过能力 22.7 亿 t，集装箱通过能力 0.59 亿 TEU。未来，结合上海国际航运中心和舟山群岛新区的发展需要，长江三角洲港口在服务国家发展战略、区域经济发展和地方经济建设等方面，仍将承担重要的支撑保障作用。

上海港的发展特点首先表现为吞吐量增速放缓，货类结构不断调整。年均增长率由“十五”期的 16.7% 降至“十一五”期的 5.9%。从货类结构上看，大宗散货所占比例从 2000 年的 43% 到 2014 年的 33%，呈逐渐降低态势。集装箱占比从 1/4 上升至 1/2 以上，呈加速提升态势。其次，港口空间布局逐步外移，外海港区成为运输重点。2002 年以来，黄浦江上游、中游港区吞吐量占比从 34% 降至 3%，外高桥、洋山港区占比则由 16% 迅速增至 50%，此消彼长态势十分明显。

宁波-舟山港与上海国际航运中心错位发展。上海港将充分利用自由贸易区政策优势，拓展航运贸易、金融、保险、信息服务、法律仲裁等高端航运服务业，形成航运资源高度积聚、具有国际航运资源配置能力的国际航运中心。重点发展集装箱运输，逐步成为东北亚国际枢纽港。依托长江口独特区位优势，为长江沿线地区提供远近洋集装箱中转运输服务。宁波-舟山港则依托可接卸超大型船舶的深水岸线资源，进一步强化外贸大宗散货海进江中转运输系统，拓展船舶交易及储备、交易、分拨、配送等物流功能，与上海港错位发展。同时，发挥岸线资源存量优势，有序推进集装箱码头建设，共同承担上海国际航运中心南翼的功能拓展。

江苏沿江、沿海港口未来以现代化为目标，着眼于建立和完善综合运输体系，合力打造上海国际航运中心，促进区域经济社会协调发展。结合腹地经济发展、长江航道条件的改善，进一步强化其为长江沿线企业及中上游地区提供运输的功能。港口发展中要更加注重资源整合和结构优化，注重港城和谐发展、环境保护要求。

宁波-舟山港与江苏沿江港口相互补充。江苏沿江港口受长江航道限制，5 万吨级散货船舶可满载直达，10 万吨级以上船舶需减载通航。随着长江 12.5m 深水航道延伸至南京，国内沿海和外贸直达运输 5 万 ~ 7 万吨级船型比例进一步加大，10 万 ~ 20 万吨级大型散货船减载后直达比例将提升。江苏沿江集装箱运输仍将以“喂给”上海港为主，同时随着太仓港近远洋航线的开辟，外贸集装箱直达运输量将增加。

宁波–舟山港主要承担 20 万吨级及以上的大型散货船外海接卸，考虑集装箱向干线港集中发展趋势，宁波–舟山港的外贸大宗散货、集装箱运输需求仍保持增长态势，集装箱江海联运主要集中在洋山。

宁波–舟山港主要承担外贸进口铁矿石、原油、煤炭的海进江一程接卸，江苏沿江港口主要承担矿石、煤炭的海进江二程接卸，以及粮食、钢铁、化肥等外贸物资江海联运，共同承担长江经济带物资转运功能。

3. 长江口 12.5m 深水航道向上延伸对宁波–舟山港的影响

2005 年，长江口 10.5m 深水航道延伸至南京；2010 年底，长江口 12.5m 深水航道上延至太仓荡茜闸。深水航道建设极大地促进了江苏沿江港口到港海运船舶的发展。今后，随着长江 12.5m 深水航道延伸至南京，长江三角洲地区重要货类运输系统将进一步完善，主要是沿江港口的运输组织及船型将发生较大变化：国内沿海和外贸直达运输 3 万 ~ 7 万吨级船型比例进一步加大，货物实载率将进一步提升 15% ~ 25%；10 万 ~ 20 万吨级大型散货船减载后直达沿江港口的比例将提升，10 万 ~ 20 万吨级货物实载率将提升 15% ~ 20%；部分内贸及中远洋集装箱直达运输量将增加。

顺应船舶大型化发展趋势，20 万吨级及以上的大型散货船比例不断提升，仍然以外海接卸为主。同时，考虑集装箱向干线港集中发展趋势，宁波–舟山港的外贸大宗散货、集装箱运输需求仍保持增长态势，在腹地集装箱、海进江运输体系中的地位不断巩固。

第二节　港口的性质与功能

一、港口的性质

1. 发展方向

宁波-舟山港应加快推进资源整合和深度融合，积极打造江海联运服务中心，实现由大港向强港转变；适应长江经济带等国家区域发展战略及腹地经济发展的要求，实现优化发展和协调发展。一方面，有序推进基础设施建设，完善运输系统布局，巩固在长江三角洲及长江沿线区域大宗散货、集装箱运输中的枢纽地位；同时，注重资源整合和功能调整，在发展中调整结构，实现优化发展。合理拓展港口发展空间，实现健康持续发展。另一方面，发挥港口对海洋产业集聚的引领作用，积极拓展港口的保税、物流、贸易服务功能，利用政策优势，推进梅山保税港区和舟山港口综合保税区建设，加快研究自由贸易区和自由港区的发展要求。

宁波市域港口应注重结构调整与转型升级，积极发展现代物流和航运服务功能。保税港区是港口功能拓展的重要载体，宜结合滨海新城建设及国际物流产业集聚区发展需要，拓展保税、物流功能，提高发展的层次和水平。新港区开发是港口空间拓展的迫切需要和必然选择，宜承接老港区产业转移和功能调整，发展现代海洋产业。其他港区宜结合港口开发条件，考虑城市、环保等要求，更多地服务本地经济及产业发展需要。未来，宁波市域港口将进一步固化集装箱运输发展优势，通过港口资源整合和转型升级，大力发展“三位一体”港航物流服务体系，完善港口基础设施和集疏运网络，打造亚太地区重要的国际港口物流中心和资源配置中心，建成全国重要的大宗商品储运加工贸易、海洋先进装备制造业、现代海洋产业和海洋新能源基地。

舟山市域港口应积极发展临港产业和大宗物资加工贸易功能，促进港口与产业互动发展。结合群岛新区“四岛一城”的定位，在加快港口基础设施建设的同时，逐步提升港航发展的质量和水平，增强国际及区域港航综合竞争力和海洋产业的集聚力。

在传统港口生产和货运服务的基础上，以物流加工、贸易等增值服务和物流高端服务为特色，以贸易交易、信息传递、资本运行、金融服务、技术开发为主要方式，“立足国内、面向国际”，参与国际物流市场的运作，积极构建区域性国际物流枢纽。同时，根据群岛新区的特点，选择适宜发展的海洋战略新兴产业，统筹港口综合运输和海洋产业的空间布局，依托重点岛屿集中布局海洋产业集聚区及港航物流配套区，努力打造群岛新区海洋产业基地。

2. 港口性质

宁波-舟山港是我国沿海主要港口和国家综合运输体系的重要枢纽，是上海国际航运中心的重要组成部分，是服务长江经济带、建设舟山江海联运服务中心的核心载体，是浙江海洋经济发展示范区和舟山群岛新区建设的重要依托，是宁波市、舟山市经济社会发展的重要支撑。

宁波-舟山港以大宗能源、原材料中转运输和集装箱干线运输为重点，积极发展现代物流、航运服务、临港产业、保税贸易、战略储备、旅游客运等功能，发展成为布局合理、能力充分、功能完善、安全绿色、港城协调的现代化综合性港口。

宁波-舟山港应加快推进资源整合和深度融合，积极打造江海联运服务中心，实现由大港向强港的转变。其中，宁波市域港口应注重结构调整与转型升级，积极发展现代物流和航运服务功能；舟山市域港口应积极发展临港产业和大宗物资加工贸易功能，促进港口与产业互动发展。

二、港口的功能

新形势下，宁波-舟山港应加快打造扩大开放的平台和载体，在巩固和强化装卸储存、中转换装、运输组织等传统功能的同时，重点拓展和完善现代物流服务、现代航运服务、海洋产业集聚、保税贸易加工、战略资源储备、旅游客运服务等功能。

1. 现代物流服务

有效拓展港口物流功能，强化集疏运通道建设，完善地区物流系统，提高服务效率，降低综合物流成本，促进现代物流发展。

2. 现代航运服务

建设集融资、交割、结算和保险为一体的航贸金融市场，发展航运经纪、航运保险、航运融资、航运咨询、海事仲裁与法律、信息发布等现代航运服务功能。

3. 海洋产业集聚

以重化工业和海洋工程装备、高附加值船舶修造等新兴海洋产业为突破口，集中布局规模化、集约化的海洋新兴产业，建设海洋产业集聚区。

4. 保税贸易加工

依托梅山、洋山保税港区和舟山港综合保税区，强化港口保税功能，积极开展国际中转、国际采购、国际配送、国际转口贸易和出口加工等，加快自由贸易区和自由港区建设。

5. 战略资源储备

依托大型原油、铁矿石、煤炭专业化码头，积极开展重要能源物资的战略储备及商业储备，提高长江三角洲区域应对国际能源市场波动的能力，保障国民经济运行安全。

6. 旅游客运服务

积极拓展邮轮、游艇及对台湾直航功能，提升港口的旅客出行和旅游服务能力，将航运优势转化为现代服务业优势。

第三章 港口吞吐量发展水平预测

第一节　腹地经济产业布局

一、腹地国民经济发展现状及特点

宁波-舟山港主要承担浙江省物资进出口及长江沿线地区钢铁、石化企业的铁矿石、原油中转运输任务，并为铁路沿线江西、安徽、湖南等省的部分物资中转服务。因此，宁波-舟山港的直接经济腹地为浙江省，间接腹地则延伸至上海、江苏、安徽、江西、湖南、湖北、重庆、四川等长江沿线地区。同时，随着舟山国际物流枢纽岛的建设，宁波-舟山港对我国南北沿海地区，乃至东北亚及西太平洋地区的辐射力度将进一步加强。

（一）直接腹地

1. 浙江省

浙江省是我国经济发达的沿海对外开放省份之一，也是民营经济最为活跃的省份。“十一五”期以来，面对国际金融危机冲击和自身发展转型的双重考验，全省深入实施“八八战略”和“创业富民、创新强省”总战略，扎实推进“全面小康六大行动计划”，有效贯彻落实“标本兼治、保稳促调”的工作方针，保持了经济平稳、较快发展的良好局面，综合实力显著增强。浙江省及宁波市、舟山市典型年份国民经济指标详见表3-1。

浙江省及宁波市、舟山市主要年份国民经济主要指标　　表3-1

主要经济指标	单位	2005年			2010年			2014年		
		全省	宁波	舟山	全省	宁波	舟山	全省	宁波	舟山
人口	万人	4602.1	556.7	96.7	4748.0	574.1	96.8	5508.0	583.8	114.6
GDP	亿元	13417.7	2447.3	282.3	27722.3	5163.0	644.3	40153.5	7602.5	1021.7
第一产业比例	%	6.6	5.4	14.1	4.9	4.2	9.6	4.4	3.6	9.9
第二产业比例	%	53.4	54.8	39.7	51.6	55.6	45.5	47.7	51.8	42.1
第三产业比例	%	39.9	39.8	46.2	43.5	40.2	44.9	47.9	44.6	48.0
人均GDP	元	27062.0	43961.0	29152.0	51711.0	89935.0	66581.0	72967	98972	89306
外贸进出口额	亿美元	1238.1	334.9	15.1	2870.8	829.0	107.3	3783.9	1047.0	123.4
固定资产投资	亿元	6696.3	1336.3	161.1	12376.0	2193.3	413.8	24262.8	3989.5	961.0

注：资料来源为浙江、宁波、舟山统计年鉴。外贸进出口额按商品境内目的地、货源地统计。

（1）浙江省经济发展迅猛，总量居全国前列。“十五”期国内生产总值年均增速为 13%，“十一五”期间达到 11.9%，2014 年实现国内生产总值 4.02 万亿元，经济总量居全国第 4 位。全省人均生产总值 7.3 万元；第一、二、三产业所占比例由 2000 年的 10.3%、53.3%、36.4% 调整为 2014 年的 4.4%、47.7%、47.9%，产业结构逐步趋向优化。浙江省成为全国经济增长速度最快和最具活力的省份之一。

（2）浙江省工业内部结构转型升级步伐加快，仍保持能源、原材料调入和产品销售“两头在外”运输格局。“十五”以来，重工业增长持续快于轻工业，尤其在“十一五”期中，工业内部结构转型升级步伐加快，装备工业和高技术产业的比例不断上升。2014 年规模以上工业增加值中，重工业 7137 亿元，占 57%；规模以上工业装备制造业和高新技术产业增加值所占比例为 35% 和 34%。浙江省资源匮乏，冶金、电力、石油化工等企业生产所需的大量能源、原材料由浙江省外调进，而产成品需大量运往浙江省外，决定了旺盛的腹地运输需求。

（3）浙江省个体、私营经济活跃，块状特色经济加快向现代产业集群转变。近年来，个私经济占浙江省 GDP 比例一直保持在 60% 以上，外贸出口占全省出口总额的比例超过 40%。同时，随着个体私营经济在发展中逐步转变增长方式，块状特色经济加快向现代产业集群转变。目前，浙江省全省块状经济工业总产值占全省总量的 60% 以上，拥有工业总产值 10 亿元以上的块状经济群超过 310 个，以产业集聚区、开发区（园区）和乡镇功能区为主要依托，14 个产业集聚区建设已有序实施，有力推动了工业转型升级和工业强省建设。

（4）浙江省外向型经济结构进一步优化，开发区成为打造先进制造业基地的重要载体。2014 年，浙江省外贸总额达到 3784 亿美元，2000 年以来年均增速 19.4%，比同期全省国内生产总值增速高 7 个百分点，出口总额跃居全国第三。对外贸易结构得到优化，加工贸易不断转型升级，自主品牌产品和机电、高新技术产品的出口比例有所增加。“十一五”期末，浙江省 74 个国家级和省级开发区，以不到全省 5% 的土地面积，实现了实到外资所占比例 54%，出口所占比例 39%，开发区产业集聚带动效应日益突显，成为经济发展重要增长极。

（5）三大产业带初具规模，海洋经济成为新增长点。近年来长江三角洲地区产业进入转型升级的关键时期，海洋经济成为浙江省具有战略意义的新增长极。以环杭州湾、温台沿海、金衢丽高速公路沿线三大产业带为依托，浙江省逐步推进“一核两翼三圈九区多岛”为空间布局的海洋经济大平台建设。

2. 宁波市、舟山市

宁波市、舟山市均位于浙江省海洋经济示范区核心区域，并处于“宁波城市经济圈”内，受到发展历程、产业依托等因素的影响，两市的发展特点各有侧重。

宁波市是东南沿海重要港口城市、长江三角洲南翼经济中心和国家历史文化名城。2014年，宁波位列中国内地城市综合竞争力排名第21位。近年来，宁波市抢抓浙江海洋经济发展上升为国家战略的重大机遇，具有宁波特色的海洋产业体系基本形成，成为浙江省国家级海洋经济核心示范区。2014年，规模以上临港重工业产值占全市规模以上工业产值的70%以上，初步形成以石化、钢铁、能源、汽车、造船等行业为支柱，绵延20多公里的沿海海洋产业带，基本建成华东地区重要的能源原材料基地和先进制造业基地。同时，大力推进重点开发区整合提升，形成了宁波杭州湾、梅山两个省级产业集聚区以及宁波经济技术开发区、宁波保税区、宁波大榭开发区等13个省级开发区，成为宁波对外开放的重要窗口和招商引资的热土。

舟山市是我国新兴的海岛港口和旅游城市，具有“港、景、渔”三大资源优势。近年来，随着产业结构的不断调整，舟山由1992年前渔业经济为主导，到1992～1998年间旅游经济为主导，逐步向1999年以来以第二产业引领经济发展转变，舟山市社会经济的综合实力逐步增强：“十一五”期间GDP年均增长14.3%，增速位居全省首位；2014年，舟山市海洋经济增加值713亿元，占地区生产总值的69.8%，是全国海洋经济比例最高的城市；已发展成为浙江省最大、全国重要的修造船基地；海洋渔业发达，水产品加工技术先进；海洋生物医药、海水淡化、海洋新能源等新兴产业发展迅速。舟山市经济由渔农经济逐步发展为以临港工业、港口物流、海洋旅游、现代渔业为主导的特色鲜明的海洋产业体系。随着国务院正式批复同意设立浙江舟山群岛新区以及《浙江海洋经济发展示范区规划》的批复实施，舟山已经成为我国海洋海岛开发保护、海洋经济发展的先导区和示范基地。

（二）间接腹地

间接腹地（沪、苏、皖、赣、鄂、湘、川、渝）地处我国长江流域，横跨东、中、西部三个地带。其中，上海是我国金融、航运中心；江苏已成为我国先进制造业基地；随着长江三角洲辐射能力的增强和产业梯度转移进程的加快，长江中上游的安徽、江西、湖北、湖南、四川、重庆“五省一市”经济加速发展。2014 年，间接腹地的六省二市以占全国 14.4% 的土地、32.7% 的人口，完成了全国 35.0% 的 GDP、31.9% 的外贸进出口总额、89.1% 的实际利用外资，在全国经济发展中占有十分重要的位置，是我国经济发展潜力最大的地区之一。间接腹地典型年份国民经济指标详见表 3-2。

长江沿线地区国民经济主要指标 表 3-2

主要经济指标	单位	2005 年				2014 年			
		间接腹地占全国比例	上海	江苏	皖、赣、湘、鄂、川、渝	间接腹地占全国比例	上海	江苏	皖、赣、湘、鄂、川、渝
土地面积	万 km^2	14.4%	0.6	10.3	127.1	14.4%	0.6	10.3	127.1
人口	万人	33.4%	1778	7588.2	34279.3	32.68%	2426	7960	34310
GDP	亿元	33.1%	9154	18598.7	33446.1	34.95%	23561	65083	133775
人均 GDP	元 / 人	—	51474	24509.9	9756.9	—	97343	81874	47045
第一产业比例	%	—	0.9	7.9	17.4	—	0.5	5.6	9.4
第二产业比例	%	—	48.6	56.6	42.6	—	34.7	47.7	48.8
第三产业比例	%	—	50.5	35.6	39.9	—	64.8	46.7	41.8
外贸进出口额	亿美元	32.6%	1815.1	2384.9	430.8	31.92%	4666	5638	3306
实际利用外资	亿美元	45.5%	68.5	131.8	89.9	89.10%	182	282	602

注：外贸进出口额为海关收发货地统计。

1. 依托长江黄金水道和长江三角洲地区的经济辐射作用，长江中上游地区经济增长加快，产业实力增强

长江沿线六省二市综合优势明显，已形成了以上海为龙头，长江三角洲地区为依托，辐射整个长江流域的经济带。近年来，随着我国“中部崛起、西部大开发”总体战略的推进，长江中上游五省一市以沿江产业带开发为契机，厚积薄发，2005 年以来 GDP 和外贸进出口额增速分别高达 16.7% 和 25.4%，增速超越江苏、上海等省市，不仅成为中西部接受经济和产业梯度辐射的先导地区，也成为内陆地区开放度最高的地区。

2. 沿江产业带的集聚效应明显、重化工业发展特点突出

2014 年，江苏省沿江八市创造了全省 79% 的 GDP、83% 的工业增加值，实现了全省 95% 的进出口总额和 80% 的实际利用外资。长江中上游地区各省市加快了产业结构优化步伐，实施沿江开发战略，并培育适合自身特点的经济增长点，大力发展石化、冶金、电力、建材等基础产业和各类装备制造业。上海、江苏及长江中上游地区钢铁产量、火力发电量、原油加工量和汽车产量分别占全国 31%、43%、25% 和 34%，电力、冶金、化工、建材等高耗能行业对能源、原材料需求形成了强力拉动。

3. 水运在沿江产业发展中发挥重要的保障作用

资源分布和产业布局决定上海市和江苏省生产所需的大宗能源、原材料物资需由江苏、上海调入。此外，加工制造业产品的上下游市场也主要在江苏、上海，绝大部分外贸物资通过水运完成。长江中上游五省一市资源相对丰富，但随着经济发展、产业规模扩大，矿石等原材料、外贸物资及产成品也需通过水路运输。因此，港口和水路运输在长江沿线各省市国民经济和社会发展中具有十分重要的地位，是保障地区之间、生产与消费之间经济联系的桥梁和纽带。

二、海洋经济产业导向及空间布局

国家新一轮沿海开发区别于上一轮临港工业的开发，其核心目标一方面在于实现对战略型资源的支配能力，保障我国经济安全并加强国际竞争力；另一方面则在海洋本身，实现对海洋资源开发利用的国际领先地位。

根据这一核心目标，在《浙江海洋经济发展示范区规划》中，浙江确定了海洋战略性新型产业、海洋服务业、临港先进制造业和现代海洋渔业四大部分、13 个次分类[①]的海洋产业导向，并提出着力构建大宗商品交易平台、海陆联动集疏运网络、金融和信息支撑系统“三位一体”的港航物流服务体系，高水平建设我国大宗商品国际物流中心和“集散并重”的枢纽港，积极建设港航强省，培育海洋经济发展的核心竞争力，其中海洋装备制造业、清洁能源产业、海洋勘探开发业、航运服务业、临港先进制造业五类产业类型与港口密切相关。在《浙江舟山群岛新区发展规划》中进一步强化“建设大宗商品储运中转加工交易中心、建设东部地区重要的海上开放门户”的规划目标，并提出舟山发展海洋工程装备与船舶产业、海洋旅游业、海洋资源综合开发利用产业、海洋生物产业、现代海洋渔业等海洋产业细化导向。

---

① 《浙江省产业集聚区发展总体规划（2011-2020 年）》确定海洋产业由四大部分、13 个次分类组成。其中，海洋战略性新兴产业包括海洋装备制造业、清洁能源产业、海洋生物医药产业、海洋利用业、海洋勘探开发业；海洋服务业包括海洋金融服务业、滨海旅游业、航运服务业、涉海商贸服务业、海洋信息与科技服务业；临港先进制造业包括船舶工业；现代海洋渔业包括海洋捕捞和海水养殖业、水产品精深加工和贸易业。

根据浙江海洋经济发展示范区和舟山群岛新区战略定位，浙江省将构建“一核两翼三圈九区多岛”总体海洋产业布局。以宁波-舟山港海域、海岛及其依托城市为核心区，着力打造我国海洋经济参与国际竞争的核心区域和保障国家经济安全的战略高地。以环杭州湾产业带及其近岸海域为北翼，加强与上海国际金融和航运中心接轨，以温台沿海产业带及其近岸海域为南翼，加强与海峡西岸经济区接轨。加快杭州、宁波、温州三大都市圈海洋高技术产业和现代服务业发展，增强对周边区域的集聚辐射效应，成为我国沿海地区海洋经济活力较强、产业层次较高的重要区域。依托浙江省沿海七市，建设九大产业集聚区，使之成为浙江省海洋经济发展方式转变和城市新区培育的主要载体。推进梅山、六横、金塘、衢山等重要海岛的开发利用与保护，突出岛屿的主要功能和特色，努力使之成为我国海洋开发、开放的先导地区。

第二节　港口吞吐量预测

一、总吞吐量预测

预测 2020 年宁波–舟山港货物吞吐量、外贸货物吞吐量分别为 11.7 亿 t 和 6 亿 t，2014 ~ 2020 年年均增速分别为 5.0%、6.2%。其中，服务腹地外的贸易吞吐量约占 7%。

预测 2030 年宁波–舟山港货物吞吐量、外贸货物吞吐量分别为 14.4 亿 t 和 7.4 亿 t，2020 ~ 2030 年年均增速均为 2.1%。其中，服务腹地外的贸易吞吐量约占 10%。

根据交通运输部现有统计口径，本规划对宁波–舟山港吞吐量的现状分析及预测中未包括洋山港区集装箱吞吐量。从行政区划角度，宁波–舟山港吞吐量应包括洋山港区。如将洋山港区集装箱吞吐量纳入后，2014 年宁波–舟山港吞吐量达到 10.1 亿 t（包括洋山港区集装箱吞吐量 1520 万 TEU），预测 2020 年、2030 年吞吐量分别为 13.3 亿 t、16 亿 t（分别包括洋山港区集装箱吞吐量 1700 万 TEU、2000 万 TEU）。2014 ~ 2020 年、2020 ~ 2030 年年均增速分别为 4.7%、1.9%。

此外，舟山群岛新区在推动综合保税区、大型专业化码头和相关航运服务业建设的同时，如能实现相关优惠政策的落地，加快信息、贸易、金融平台的建设，建立更高效、更开放的口岸管理机制，舟山市域港口在国际贸易网络中的物流分拨中心、信息化等功能将得到进一步提升，届时舟山市域港口吞吐量有望实现《浙江舟山群岛新区发展规划》提出的 2020 年 6 亿 t 的预期目标。

二、主要货类吞吐量预测

（一）煤炭

今后，宁波–舟山港仍将在浙江省海运调入煤炭中发挥主力军的作用，同时随着舟山六横浙能煤炭码头的运营和大宗散货商品交易市场的建设，宁波–舟山港服务于长江沿线、华南沿海地区的煤炭转运量以及日本、韩国市场的煤炭贸易量，将会大幅增长。

1. 满足浙江省需求煤炭调运量预测

宁波和舟山地区现有镇海、北仑、国华宁海、大唐乌沙山以及浪熹等电厂。据电力部门规划，预测2020年宁波和舟山地区煤电装机容量将进一步增加。同时，随着建龙钢厂、海螺水泥厂以及甬江沿线工业园区项目的建设，该区域的煤炭需求将保持增长态势；2030年后随着浙江省能源结构调整，需求增长逐步放缓。同时，考虑温台地区新建电厂均配套大型专业化码头，通过宁波–舟山港的转运量增长空间不大。因此，为满足浙江省煤炭需求，预测2020年、2030年宁波–舟山港调入煤炭量分别为9000万t、9200万t。其中，通过水水转运至温台沿海600万t，转运至浙北水网200万t。

2. 满足外省需求煤炭转运量预测

近年来，随着长江中游地区沿江产业迅猛发展，煤炭需求快速增长，但受本地煤炭资源的限制、铁路调运能力紧张等多种因素的影响，海进江煤炭运输在皖、赣、湘、鄂地区运量快速提升。2014年，长江沿线皖、赣、湘、鄂地区海进江调入煤炭约5200万t。其中，通过宁波–舟山港中转约1000万t，主要由六横煤炭码头承担，尤其是外贸煤炭转运优势明显。今后，皖、赣、湘、鄂地区重化工业将持续快速推进，能源刚性需求旺盛，特别是沿江电力、钢铁、石化等产业的发展仍将促进煤炭需求的快速增长，预测2020年、2030年四省需从区外调入煤炭4.7亿t、5.4亿t。铁路仍将是保障皖、赣、湘、鄂地区煤炭调入的最为重要的运输方式。特别是蒙西至华中地区煤运专用通道、西康和合西线复线的建设，将加大“三西”地区对赣、湘、鄂地区铁路煤炭供应力度。洛湛、焦柳等铁路扩能，将加强现有煤运通道能力。沪汉蓉客专等客运专线将进一步释放现有货运铁路能力。此外，向莆铁路的建成将加强“三西”和外贸煤炭海铁联运至江西能力，并且该线随着京福高铁的建成，将释放更多货运能力。预测2020年、2030年三省煤炭铁路调入量分别为3.2亿t、4.2亿t左右。

根据皖、赣、湘、鄂地区电力和铁路等相关规划，同时考虑部分公路调运煤炭分流，海进江煤炭调入方式将成为满足长江中游地区煤炭需求的重要补充方式之一。预测2020年以后皖、赣、湘、鄂地区通过海进江调入煤炭量将达到6000万~7000万t，宁波–舟山港将承担的份额2020年、2030年分别为1200万t、1800万t。在充分发挥六横专业化煤炭码头在外贸煤炭运输中规模效应的同时，逐步推进舟山大宗物资交易中心建设，宁波–舟山港还将吸引其他沿海地区乃至日本、韩国市场的煤炭贸易量。

综上所述，预测宁波–舟山港2020年和2030年煤炭吞吐量分别为1.3亿t和1.5亿t，煤炭一次调入量分别为1.08亿t、1.19亿t，水水中转量分别为2200万t、3100万t。

（二）石油及其制品

1. 原油

宁波–舟山港主要为长江三角洲及长江沿线地区的外贸原油进口及油气品调运服务。2014年，宁波–舟山港完成石油及其制品吞吐量1.30亿t，其中原油9180万t（外贸进口7361万t），成品油3173万t，液化气及液体化工品261万t。

根据腹地外贸原油运输格局变化，未来宁波–舟山港承担的原油吞吐量包括三部分：

一是，承担长江三角洲及长江沿线地区石化企业所需的外贸进口原油一程接卸任务，考虑日照港分流影响，预测2020年、2030年宁波–舟山港该部分外贸进口原油分别为1.02亿t、1.14亿t。二程转运通过甬沪宁管线输送，但仍有部分水水中转需求，如管道外补充量、腹地内管道无法输送到的小企业的需求等。因此，预测宁波–舟山港该部分水水中转至沿江沿海地区的原油量为1000万t，预测2020年、2030年宁波–舟山港该部分原油吞吐量分别为1.12亿t、1.24亿t。

二是，满足腹地重质原油和海洋油调入需求。该运输需求主要集中在大榭岛，包括中国燃油有限公司进口委内瑞拉的重质原油并提供储运中转服务、中海油大榭石化公司的海洋油炼化项目以及国内海洋油在长江沿线中转。其中，中国燃油有限公司重质原油服务对象主要包括中燃油体系内的秦皇岛、江阴、温州等地沥青厂，少量供给山东、镇江等地方小炼油厂和沥青厂，目前约为420万t/a，随着部分企业扩能以及中燃油服务能力的提升，中转量将进一步上升至600万t/a以上。中海油大榭石化公司经过改造后原油炼化能力也将由目前的800万t/a提升至1400万t/a。此外，考虑部分海洋油调运服务，预测2020年、2030年宁波–舟山港该部分原油吞吐量分别为2800万t、3400万t。

三是，储备及国际中转原油需求。长江三角洲和长江沿线区域大规模的炼油需求，使其成为我国原油储备的重要集中区域。国家战略储备库位于本区域。此外，中化集团和众多民营企业也是本区域重要的原油罐区运营商。从动态角度来看，本地区目前运行的原油储备服务目标仍主要是临近炼油厂，并不会显著增加区域原油进口需求，但从静态角度来看，可能会加大单个年份的进口量波动。考虑到第三方贸易、国际中转业务的发展，码头能力配备在常规需求基础上可以允许一定的富余能力存在。预测2020年、

2030 年宁波–舟山港该部分外贸进口原油分别为 800 万 t、1200 万 t，主要满足国内市场原油需求，吞吐量分别为 1600 万 t、2400 万 t。

综上所述，预测 2020 年、2030 年宁波–舟山港原油吞吐量将分别为 1.3 亿 t、1.5 亿 t。

2. 成品油

宁波–舟山港在成品油运输中主要承担本省油品需求调运及为长江三角洲地区油品转运任务。2014 年宁波–舟山港成品油吞吐量 3173 万 t。其中，约 1/3 吞吐量是满足浙江省所需成品油调运需求，此外为省外中转、贸易调运所需。

浙江省本省需求。2014 年，浙江省成品油需求约为 1800 万 t，成品油资源 80% 由中石化供应，主要来自镇海炼化和金山炼化；另外 20% 主要由北方炼厂调入。省外成品油调入以水运为主，省内成品油调运方式中，管道占 30%、水运 30%、铁路占 16%，其余基本为公路运输。宁波–舟山港为浙江省服务的成品油吞吐量约为 1300 万 t。其中，900 万 t 为水运一次调运量，400 万 t 为省内岛屿间转运量。

浙江省经济的快速发展将促进交通量的增长，对油品的需求将会越来越大。但同时随着节能减排力度的加大，天然气等清洁能源对油品的替代消费也将对成品油消费起到一定的抑制作用。为适应腹地需求，镇海炼化和金山炼化将进一步扩大炼油能力，同时加快台州炼化建设，提高浙江省成品油供应量，同时加快甬绍金衢、甬台温等成品油管道建设，形成覆盖全省 10 个市区的成品油管网，管道输送比例提高至 70% 以上。预测 2020 年、2030 年浙江省成品油需求将达到 3000 万 t、3500 万 t。其中，为满足浙江本省调运需求，宁波–舟山港主要承担镇海炼化成品油出口和北方炼厂成品油进口任务，预测 2020 年、2030 年吞吐量分别为 1500 万 t、1600 万 t。

中转和贸易预测需求。长江三角洲地区是我国石油化工的重要聚集区，同时也是成品油需求及运输、贸易、仓储物流等活动最旺盛的地区。在我国成品油运输系统中处于递推地区，自身成品油产量大，供需基本平衡略有缺口，同时该地区也受到了来自中石油北方的南下油品及外贸进口成品油的冲击，本地生产的成品油很大一部分需南下运往华南地区或沿长江运往长江中上游地区，因此，该地区的成品油运输活跃，流向相对较复杂。2010 年，长江三角洲地区成品油供需差额达约 2000 万 t，比 2000 年翻了一番，其中，汽油、燃料油缺口分别达到 900 万 t 左右，煤油供需基本平衡，柴油富余；与 2000 年相比，汽油和燃料油供需不平衡状况明显加大。2014 年，宁波–舟山港成品油吞吐量中约 2200 万 t 是服务于长江三角洲地区仓储、贸易物流所需，较 2005 年保持了 6% 以上的增速。其中，约 1000 万 t

为外贸进口燃料油中转运输，其余为汽油、柴油运输。今后，宁波–舟山港的成品油运输呈现以下两方面趋势：

一方面，腹地需求的增长和宁波–舟山港大型油品储运基地建设，将进一步推动宁波–舟山港服务长江三角洲地区的油品中转储运的发展。随着我国成品油需求的不断增长，跨区域调运和中转格局仍将保持，贸易储运等需求规模将不断扩大，进出口需求继续增长，沿海港口成品油运输需求将依然旺盛。宁波–舟山港依托良好的区位和港口资源优势，吸引申港国际、世纪太平洋、光汇石油、万向集团、浙江广厦等成品油码头储运企业、贸易商和综合性能源公司纷纷进驻建设储运基地。按目前增速，考虑远期放缓的趋势，预测2020年、2030年服务于长江三角洲地区的油品中转运输吞吐量达到4000万t、5500万t。

另一方面，舟山群岛新区在对外贸易政策中先行先试的政策优势将促进保税船舶供油、国际油品贸易中转，成为宁波–舟山港成品油新的增长点。目前，我国船舶保税燃料油供应量约达950万t，受到规模小、供油价格相对较高、特别是海关、交易、金融服务市场尚不成熟等多种因素的制约，我国船舶保税燃料油业务竞争力不足，供应量仅占全球份额的5%，万吨吞吐量供油量仅为新加坡港的5%、香港的14%，这与我国港口外贸吞吐量占全球海运量的30%的份额差距较大。长江三角洲地区完成船舶保税燃料油供应量约占全国总量的50%。未来，随着上海航运中心的建设，该区域仍将是船舶保税燃料油需求增长的热点地区。经测算，即使仅达到新加坡港万吨吞吐量供油量的10% ~ 20%，预计2020年、2030年该区域保税船供油市场需求规模亦可近2500万t、3500万t的需求规模，这为宁波–舟山港开展船舶保税燃料油运输提供广阔的需求空间。此外，未来亚太地区成品油产需量将进一步增加，贸易量也将有所提高，中国内地石油企业将成为亚太市场的重要参与者。

宁波–舟山港的成品油运输设施已初具规模，贸易商集聚发展的态势已初步形成，舟山新区的大宗商品储运中转加工交易中心建设将进一步改善该区域海关、金融、贸易等服务水平，提升宁波–舟山港在保税船舶供油、国际油品贸易中转服务中的竞争力。预测2020年、2030年宁波–舟山港保税船舶供油服务规模将达到1500万t、2000万t；国际油品贸易中转服务规模将达到1500万t、2200万t。

综合以上分析，为满足长江三角洲地区成品油的快速增长、适应国际中转储运需求，宁波–舟山港的油品转运向集约化、规模化发展，主要集中在宁波大榭、算山和舟山岙山、西蟹峙以及建设中的外钓岛、黄泽山等地，功能各有侧重。其中，宁波（大榭、算山）以石化企业加工出口为主，岙山和黄泽山以外贸进口燃料油转运为主，西蟹峙以北方下海油品储运、物流分拨为主，外钓岛以保税燃料油运输为主。综合预测 2020 年和 2030 年宁波–舟山成品油吞吐量分别为 8500 万 t 和 11300 万 t。

3. 液化气及其他

液化气（LPG 和 LNG）。2014 年，浙江省天然气消费量约为 78 亿 m^3，主要气源为西一气、东气和川气。根据《浙江省十二五及中长期能源发展规划》，2020 年、2030 年浙江省天然气需求量将达到 400 亿 m^3、700 亿 m^3。气源按照多元保障的原则，通过国产和进口多渠道解决。规划宁波–舟山港是华东地区的液化气储运中转基地，其中穿山 LNG 终端接收站已进入试运营，将成为浙江省进口天然气的重要依托。此外，随着国际海事组织对排放控制区范围的扩大和对排放要求的提高，进一步推动了船舶 LNG 燃料的全球化应用，舟山国际航运 LNG 加注基地的规划也将进一步推动 LNG 吞吐量的增加。预测 2020 年和 2030 年宁波–舟山港液化气进口量将达到 600 万 t、1200 万 t，吞吐量分别为 900 万 t 和 1700 万 t。

液体化工品。依托炼油和乙烯项目，长江三角洲地区已形成约 500 万 t/a 乙烯和约 500 万 t/a 的化纤原料生产能力，化工产业已成为长江三角洲地区的支柱产业之一。其中，宁波市将形成较大规模的石化产业链，实现 100 万 t/a 乙烯加工能力、ABS 生产能力 75 万 t、PX 生产能力 40 万 t，PTA 生产能力 190 万 t。今后，浙江省将进一步推进炼油–石化一体化工程、化工新材料和专用精细化学品三大发展重点，预计 2015 年将形成 220 万 t 乙烯生产能力，精细化工产值率达到 60% 以上。在产业布局上向沿海聚集，向园区集中。宁波石化经济技术开发区、宁波大榭经济技术开发区和宁波经济技术开发区石化区块等临港石化基地的产业集群格局基本形成，台州石化基地启动建设，岱山石化基地前期推进中，这些均会带来液体化工品运量的大幅增加。同时，考虑到长江沿线化工企业的需求，将启动马岙液体化工中转基地二期建设，预测 2020 年和 2030 年宁波–舟山港液体化工吞吐量分别为 500 万 t 和 800 万 t。

预测 2020 年和 2030 年宁波–舟山港石油及制品吞吐量分别为 2.55 亿 t 和 3.2 亿 t，其中，原油吞吐量分别为 1.56 亿 t、1.82 亿 t。

（三）金属矿石

2014 年，宁波–舟山港铁矿石吞吐量为 2.40 亿 t，其中外贸进口 1.28 亿 t，出口 1.13 亿 t，主要为长江三角洲及长江沿线地区冶金企业中转外贸进口铁矿石运输服务。

根据腹地冶金行业发展规划，预测2020年、2030年腹地外贸进口铁矿石运输需求分别为2.5亿t、2.6亿t，结合长江三角洲地区铁矿石运输系统论证结果，2020年、2030年宁波-舟山港承担的铁矿石外海一程接卸量将达到1.4亿t、1.5亿t。宁波大型矿石码头仍承担宁波钢厂及浙赣铁路沿线的矿石转运量，随着宁波钢厂规模的扩大，陆路中转的矿石运量将达到2000万t，宁波-舟山港水水中转铁矿石运量分别为1.2亿t、1.3亿t。同时，舟山群岛新区大宗散货交易市场的建设将进一步推动港口大宗散货保税物流的发展。宁波-舟山港是长江三角洲地区唯一可停靠40万t超大型矿石船舶的港口，长江沿线钢铁企业中转外贸进口铁矿石的能力不断增强，并可根据市场需要为环渤海、福建沿海乃至日本、韩国中转部分外贸进口铁矿石。综合少量其他金属矿石需求，预测2020年和2030年宁波-舟山港金属矿石吞吐量分别为2.74亿t和3.04亿t。其中，外贸进口铁矿石接卸量分别为1.46亿t、1.61亿t，铁矿石贸易吞吐量分别1200万t、2200万t。

（四）钢铁

2014年，宁波-舟山港钢铁吞吐量为1202万t，其中进口1061万t。主要是钢铁、修造船等企业进口废钢、出口钢材及公用码头为城市建设所需的中转钢材。

在推进海洋经济示范区建设中，宁波市、舟山市将充分发挥港口资源优势，努力打造国内一流、国际先进的临港先进制造业基地。钢铁产业方面，在现有宁波钢铁400万t项目的基础上，积极推进200万t钢铁项目；以宝新不锈钢公司、华光不锈钢公司为重点，推进集聚集约发展，延伸不锈钢产业链。力争到2015年，钢铁生产能力达600万t/a，不锈钢生产能力达250万t/a，努力建设成为我国东南沿海新兴的钢铁生产基地。在船舶产业方面，宁波、舟山两市将加快推进建设高附加值船舶及装备基地，重点发展高技术高附加值的海上平台、海洋工程船、豪华游艇邮轮等。推进船舶企业联合、重组，推广现代造船模式，培育一批具有较强国际竞争力的企业，形成现代船舶产业链协作体系。力争到2015年，两市修造船生产能力达到700万载重吨/年，努力建设成为我国东南沿海重要的修造船生产基地。此外，加上腹地各种家电产品的生产，钢材需求量不断增加。同时，随着城市化进程加快，腹地基础设施建设力度的加大和房地产建设规模将进一步扩大，建筑钢铁需求将保持较快的增长速度。综合预测宁波-舟山港2020年、2030年钢铁吞吐量分别达到2000万t、3000万t。

（五）矿建材料

2014年吗，宁波-舟山港完成矿建材料吞吐量9958万t，出口7056万t，主要为宁波调入城市建设所需的矿建材料，舟山本地产的石料、海砂调往上海、江苏等地。随着舟山海域全面禁采海砂，海砂调出量将大幅降低。同时，随着腹地城市化建设、基础设施建设步伐的加快，建筑材料调入需求将进一步增加，2020 年前后将会达到高峰，之后增长速度放慢。预测 2020 年、2030 年宁波–舟山港的矿建材料吞吐量均稳定在 5000 万 t 左右。

（六）水泥

2014 年，宁波–舟山港水泥吞吐量 1283 万 t，主要由安徽等地调入水泥熟料，通过海螺水泥厂和宁海国华电厂、乌沙山电厂配套水泥厂加工后供腹地内城市建设所需。舟山群岛新区建设将带来水泥等建筑材料海运需求的快速增长。同时，随着宁海国华电厂、乌沙山电厂的扩能，也将进一步促进配套水泥生产增长。预测 2020 年、2030 年宁波–舟山港水泥吞吐量分别为 2100 万 t、2600 万 t。

（七）木材

浙江沿海地区森林资源缺乏，所需木材由区外调入。2014 年，宁波–舟山港完成木材吞吐量为 22 万 t，其中绝大部分为进口，含外贸进口 11 万 t。由于环境保护和森林资源的影响，原木运输量将趋于减少，木材贸易更多地转向成品和半成品方式，木材替代品的应用也日益广泛，因此港口木材吞吐量将不会有大的突破。考虑到浙江省省木材公司可能建设木材监管区，由宁波–舟山港承担外贸木材进口任务，则木材外贸进口量可能有所增长。预测 2020 年、2030 年宁波–舟山港木材吞吐量分别为 50 万 t、80 万 t。

（八）非金属矿石

2014 年，宁波–舟山港完成非金属矿石 480 万 t，主要为宁波钢厂调入石灰石等辅料，以及为腹地内化肥厂进口磷矿和硫铁矿，并承担浙江省内沸石、重晶石、萤石等非金属矿石的出口。

随着腹地内化肥工业的发展，磷矿和硫铁矿进口量将相应增加，叶蜡石、高岭土等非金属矿石的外贸出口量也将略有增长。根据宁波钢厂现有规模，辅料石灰石需求量约为 300 万 t，主要为长江沿线的石灰石原料海运至北仑前方散货码头。随着宁波钢厂规模的扩大，对辅料石灰石等的需求将不断上升。为此预测 2020 年、2030 年宁波–舟山港非金属矿石吞吐量分别为 500 万 t、600 万 t。

（九）化肥及农药

宁波-舟山港是沿海外贸散化肥的接卸港之一，承担浙江省内所需化肥和农药的外贸进口任务，并部分中转浙东、闽北沿海。2014 年，化肥吞吐量 20 万 t，其中进口 3 万 t。

由于国家化工工业建设速度加快，腹地内将新建和扩建一批化工企业，国家对氮肥的进口也要有所限制，故化肥进口量变化不大。预测 2020 年和 2030 年宁波-舟山港化肥吞吐量均为 20 万 t。

（十）盐

盐业是舟山的特色产业之一，主要运输到华东沿海生活、生产使用。宁波-舟山港承担舟山盐出口以及浙江省内衢州化工厂和萧山树脂厂等工业用盐的进口任务，2014 年吞吐量 136 万 t，进口 135 万 t，其中外贸进口 86 万 t。

远期，舟山盐业调出保持稳定增长。同时，由于宁波市沿海为产盐区，自给能力较大，同时盐化工业不符合腹地内的产业政策，预计今后港口工业用盐进口量将保持现有水平。预测 2020 年和 2030 年宁波-舟山港盐吞吐量均为 130 万 t。

（十一）粮食

2014 年，宁波-舟山港完成粮食吞吐量 983 万 t，其中进口 575 万 t，出口 408 万 t，主要满足粮食加工企业、粮食储备和腹地粮食转运等各方面需求。

宁波港口后方的泰国正大和印尼金光等粮油和食品加工厂的需求，视市场需求仍将保持一定规模；舟山将依托海洋产业中大型植物油脂综合生产项目，推动国际粮油集散加工中心建设，形成长江三角洲乃至全国重要的临港大型粮油物流、加工、贸易基地。粮油基地的建设将带来港口粮食吞吐量的快速增长，预测 2020 年、2030 年宁波-舟山港粮食吞吐量分别为 2100 万 t、2500 万 t。

（十二）其他货类

其他货物主要是指未装箱的件杂货等，2014 年其他货物吞吐量为 2882 万 t，宁波占 57%、舟山占 43%。

从宁波市域港口来看，按照宁波市“一核两带”海洋经济区总体布局，继续推动宁波杭州湾、梅山国际物流、宁波石化、北仑临港等十大产业集聚区的建设，将带来件杂货运输需求的增长。同时，考虑港口集装箱箱化率的逐步提高，会在一定程度上抑制其他件杂货的增长。因此，宁波港口的其他件杂货将保持稳定增长趋势。

从舟山市域港口来看，随着舟山群岛新区建设的进行，一方面发展舟山具有优势的造船、海工装备、化工等产业；另一方面通过跨海通道的建设将加强舟山群岛与内陆的联系，有利于宁波产业向舟山延伸，这均将带动舟山港口其他件杂货运输需求的增长。考虑舟山群岛新区的引进海洋产业尚未落地，大项目的引进将带动运输需求呈现跳跃式增长，由于货种尚不明确，因此在其他件杂货预测中留有余地，预测舟山港口的其他件杂货呈现快速增长态势。舟山因处于大规模开发建设期，许多项目尚未明确，其他货类中包含部分尚未明确货类的吞吐量。

综合宁波、舟山其他件杂货运输需求趋势，预测 2020 年、2030 年宁波-舟山港其他货物吞吐量分别为 1.2 亿 t、1.8 亿 t。其中，舟山吞吐量占到 70% 以上。

（十三）集装箱

2000 年以来，宁波-舟山港集装箱运输步入快速增长阶段，“十五”和“十一五”期年均增速分别达到 41.7% 和 20.1%，“十二五”期间前四年年均增速回落至 10.3%，但均高于同期全国沿海港口增速。宁波-舟山港作为上海国际航运中心南翼，在长江三角洲地区集装箱运输中作用不断加强，占集装箱吞吐总量的比例由 2000 年的 12.4% 上升到 2014 年的 27.2%，集装箱增量贡献率也由“十五”期间的 22.5% 上升至 2006 ~ 2014 年间的 37.0%。

1. 腹地外贸集装箱生成量发展现状

长江三角洲地区处在对外开放前沿，是我国外向型经济发展的龙头之一。受 2008 年国际金融危机及欧债危机等的持续影响，国际经济增速明显放缓，外贸集装箱生成量增长势头明显放缓。据分析，“十一五”期间长江三角洲外贸集装箱生成量由 1780 万 TEU 增长至 2950 万 TEU，年均增长 10.6%，而“十二五”期前四年增速则放缓至 4.2%，2014 年外贸集装箱生成量总量达到 3480 万 TEU 左右。长江中上游地区外向型经济起步晚、规模小，但发展快，在国家西部大开发、中部崛起等战略支持下，近年来通过不断承接东部沿海地区外向型产业转移，外贸集装箱生成量保持良好的增长势头。据分析，“十一五”期间长江中上游五省一市外贸集装箱生成量年均增速 9.3%，“十二五”期间前四年增速进一步提升至 13.8%，2014 年总量规模已达 420 万 TEU。

目前，长江三角洲地区已形成以上海港和宁波-舟山港为干线港，其他港口为支线港和喂给港的分层次外贸集装箱运输基本格局。根据各自区位和集疏运条件，上海港主要服务长江沿线地区和浙江省部分地区，宁波-舟山港以服务浙江本省为主、少量服务长江沿线地区，江苏沿江港口主要以喂给上海港为主、少量近洋航线直达运输，江苏沿海的连云港港主要服务陇海线沿线地区。

从总体格局上看，依托上海港和宁波-舟山港两大全球排名第一和第六位的集装箱干线港，长江三角洲港口群在腹地外贸集装箱生成量运输中占据主导地位。2014 年，长江三角洲及长江沿线地区七省二市 3900 万 TEU 外贸集装箱生成量中，由长江三角洲地区港口承运量约 3700 万 TEU，其余约 200 万 TEU 生成量主要经珠三角港口运输，少量通过山东沿海港口运输。

2. 腹地外贸集装箱生成量预测

根据长江三角洲地区集装箱港口布局规划，今后长江三角洲地区将形成以上海港为中心，以江苏苏州港、浙江宁波-舟山港为两翼的集装箱干线港布局。这一集装箱港口布局将指导今后长江三角洲地区 10 ~ 20 年的集装箱港口建设。

目前，长江三角洲地区的集装箱运输格局基本处于相对稳定的时期，主要以上海港、宁波-舟山港为集装箱干线港，各港口服务范围、功能定位基本比较明确。进入“十一五”以来，随着上海港“长江战略”的稳步推进，上海港与长江沿线港口的联系更加紧密，但同时上海港也面临着港口功能提升、岸线土地资源容量紧缺、洋山港区集疏运成本较高等制约因素，为其加强与南翼、北翼港口合作提供了条件。另外，洋山港区、杭州湾跨海大桥及梅山保税港区等大型项目的建设，将在运输模式、腹地拓展、功能提升等方面带来新的变化：

（1）洋山港区的运营增强了上海港的竞争力，发展了“江海联运”模式，这种运输模式也为宁波-舟山港拓展服务空间创造了机遇。

（2）杭州湾跨海大桥建成后，宁波至上海和苏南方向的距离缩短为 2h，使得宁波-舟山港为浙北、上海和苏南甚至苏北地区提供集装箱运输服务成为可能，为苏南和浙北区域的集装箱提供了新的可选择口岸。

（3）梅山保税区享受与洋山保税区相同的税收和外汇管理政策，舟山群岛新区的设立又为宁波-舟山港集装箱发展创造了更宽广的政策平台，依托梅山保税港区和舟山群岛新区的优势，将增强宁波-舟山港服务范围和服务功能，有利于实现宁波-舟山港与上海港在体制上、功能上的协同发展，共同提升国际航运中心的竞争力。

综上所述，洋山港区、杭州湾跨海大桥及梅山保税港区等大型项目的建设，增强了上海港和宁波–舟山港集装箱的集聚效应。今后，随着上海港现有岸线资源容量的饱和，加上开发大洋山港口岸线资源的难度比较大，届时上海港的发展目标应由基础设施建设向功能拓展转变，重视与城市功能、环境容量的协调发展，其集装箱吞吐量应该呈现高基数、低增长的发展趋势。腹地新增生成量将为苏州港的发展带来机遇，苏州干线港将初具规模，长江流域将逐步形成以上海港为中心，以江苏苏州港、浙江宁波–舟山港为两翼的集装箱干线港布局。

根据以上对长江三角洲地区集装箱运输格局的分析，经货流模式模拟，腹地集装箱运输路径进行配流分析。通过运输需求在合理路径选择情况下的网络分析，预测宁波–舟山港应当分担的运输量，实际过程中是否能够达到该运输规模，还取决于具体的经营情况、口岸环境等因素。

3. 腹地外贸集装箱吞吐量预测

根据对腹地外贸集装箱运输现状的分析，并通过对腹地外贸集装箱运输系统论证，预测 2020 年、2030 年，腹地外贸集装箱生成量中经宁波–舟山港进出的为 1850 万 TEU。2200 万 TEU。此外，2014 年，宁波–舟山港国际中转集装箱吞吐量 240 万 TEU，随着吞吐量规模和航班密度将不断加大，特别是梅山保税港区的启动，依托其优惠政策，必将吸引腹地外的部分外贸集装箱量和国际中转集装箱量，预测 2020 年、2030 年这部分集装箱吞吐量将达到 350 万 TEU、400 万 TEU。因此预测 2020 年、2030 年宁波–舟山港国际航线集装箱吞吐量为 2200 万 TEU、2600 万 TEU。

4. 内支线吞吐量预测

目前，宁波–舟山港内支线集装箱主要来自嘉兴、温州、台州等地区，与上海港之间也有部分交流量。由于宁波与杭州、绍兴、宁波、温州、台州等主要的集装箱生成地之间距离较近，路网便利，内支线与公路运输相比优势并不明显，因此公路运输仍将在集疏运中占绝大多数。但是随着宁波–舟山港集装箱吞吐量规模的扩大，内支线仍将保持一定的增长，特别是金塘等港区受连岛工程的建设及大桥通过能力限制影响，内支线比例将相对较高。预测 2020 年、2030 年宁波–舟山港内支线集装箱吞吐量为 200 万 TEU、300 万 TEU。

5. 内贸集装箱水运量预测

2014 年，宁波–舟山港内贸集装箱吞吐量为 223 万 TEU，浙江省经济中个体私营经济较为发达，小商品市场发展居全国领先地位，因此销往国内市场的商品大都是适箱的轻工产品，而且主要流向经济较为发达的沿海地区，进口内贸集装箱货物多为北方的粮食、南方的瓷砖等。

随着我国经济发展方式逐步由出口导向型向内需型转变，扩内需政策的实施将有力促进内贸集装箱运输需求的增长。随着腹地经济的进一步发展，地区产业结构的调整及地区间的分工与协作逐步加强，高科技、高价值产品贸易的比例将增加，适箱货量将增长。同时，受到远洋集装箱干线船舶大型化趋势的影响，内贸集装箱主导船型逐步升级换代，向大型化、专业化发展，对集装箱码头的要求不断提高，宁波-舟山港凭借其专业化码头优势，对内贸集装箱运输将产生更大的吸引力。预测 2020 年、2030 年宁波-舟山港内贸集装箱吞吐量为 400 万 TEU、600 万 TEU。

综上所述，2020 年、2030 年宁波-舟山港集装箱吞吐量分别为 2800 万 TEU、3500 万 TEU。

（十四）商品汽车滚装运输

长江流域是汽车工业密集区，2014 年腹地汽车产量近 950 万标辆，占全国近 40%；拥有大众、通用、奇瑞、吉利、江淮、长安等知名品牌。水运商品汽车滚装运输以其费用低、安全环保、运输量大等优势，进入一个快速发展时期。目前，长江流域商品汽车滚装码头呈现沿海和沿江“T”形布局：沿海主要为具备整车进口权的上海港，承担腹地外贸整车进口和大众、通用等国产汽车的南北调运任务，年吞吐量已超过百万标辆；沿江主要集中在汽车产业密集的重庆、武汉、南京等港口，主要承担沿江汽车的东西调运任务。

目前，我国轿车保有量仅为 75 辆 / 千人左右，远低于全球 128 辆 / 千人的平均水平，汽车消费存在较大的增长空间。从汽车生产来看，2014 年我国汽车产量达到 2390 万标辆，自主品牌乘用车国内市场份额超过 50%，2015 年自主品牌汽车出口占产销量的比例超过 10%。同时，随着国家对国产汽车的政策支持，汽车进口市场的增长趋于平稳。在运输方面，目前中国汽车物流成本约占销售收入 15% 左右，是欧美的 2 倍、日本的 3 倍；发达国家的汽车运输由水路滚装承运的比例高达 40%，而我国却不到 10%，因此商品汽车滚装运输具有广阔的发展前景。今后，汽车市场的竞争会日益激烈，将促使汽车生产商更加重视物流成本，预计长江流域滚装运输所占比例将不断提高。

2011 年，宁波梅山保税港区获批成为汽车整车进口口岸，将逐步带动宁波-舟山港商品汽车滚装运输量的发展。从细分市场来看，主要承担的商品汽车滚装运输量包括：

（1）梅山口岸的开辟将减少进口车物流成本、提高物流效率，成为浙江省乃至周边地区整车进口的主要口岸之一。

（2）浙江省拥有吉利汽车、吉奥汽车、东风裕隆、青年莲花、众泰汽车等具有一定知名度的国内整车制造集团。特别是吉利集团加大对海外知名品牌和先进技术的收购力度，大大提高了国产车的质量和档次，提升国产车在全球市场的知名度。这将带动宁波-舟山港整车出口运输量的增长。

（3）随着国内汽车企业生产规模的扩大，销售网络密度的增加，为节省物流成本，商品汽车滚装运输模式将从以点到点为主，向建立大型集散物流中心辐射周边转变，滚装的运能大优势将更加突出。宁波-舟山港也将成为腹地国内商品汽车的集散中心。

综上所述，宁波-舟山港的商品汽车滚装运输将保持迅速增长态势，预测 2020 年、2030 年分别为 20 万标辆、50 万标辆。其中，外贸进口分别为 5 万标辆、10 万标辆。

三、分港区吞吐量预测

根据宁波-舟山港吞吐量预测水平及各港区的发展条件、功能分工，宁波-舟山港各港区吞吐量预测详见表 3-3。

宁波-舟山港各港区吞吐量预测 单位：万 t 表 3-3

港　区	2014 年	2020 年	2030 年
宁波-舟山港合计	87346	117000	144000
宁波市域港口	52646	65000	70000
1. 甬江港区	1661	800	800
2. 镇海港区	4758	4800	5000
3. 北仑港区	18998	21500	21600
4. 大榭港区	8396	11500	12400
5. 穿山港区	14960	15000	16000
6. 梅山港区	1212	7200	9000
7. 象山港港区	2541	3800	4400
8. 石浦港区	121	400	800
舟山市域港口	34700	52000	74000
1. 六横港区	6068	10000	17800
2. 沈家门港区	2019	2000	2000
3. 定海港区	3603	6000	6700
4. 岑港港区	6553	8000	9500

续上表

港　　区	2014 年	2020 年	2030 年
5. 马岙港区	1291	2600	3000
6. 白泉港区	147	1300	2500
7. 金塘港区	1263	4300	5000
8. 岱山港区	947	1200	3800
9. 衢山港区	2803	7200	10800
10. 嵊泗港区	9573	8500	11000
11. 洋山港区	433	900	1900

四、港口集疏运量预测

规划期内，由于甬沪宁沿江原油管道的建设及腹地铁路沿线钢铁企业的发展等因素的影响，使得原油、矿石等水水中转量将呈下降趋势。但沿江钢铁企业对矿石需求量的增长，将支撑舟山港口矿石中转量的增长；集装箱吞吐量的快速增长，导致公路集疏运量大量增加；进港铁路支线、输油管道和发电厂、炼油厂等临港工业的新建和扩建，使得铁路、皮带机和管道运输量将有很大增加。

预测 2020 年，宁波-舟山港集疏运量为 19.1 亿 t，其中水运、公路、铁路、管道和其他方式运量分别为 11.7 亿 t、4.34 亿 t、1900 万 t、1.97 亿 t 和 9000 万 t。

预测 2030 年，宁波-舟山港集疏运量为 23.6 亿 t，其中水运、公路、铁路、管道和其他方式运量分别为 14.4 亿 t、5.43 亿 t、2800 万 t、2.53 亿 t 和 9600 万 t。

全港 2020 年、2030 年集疏运构成详见图 3-1、图 3-2。

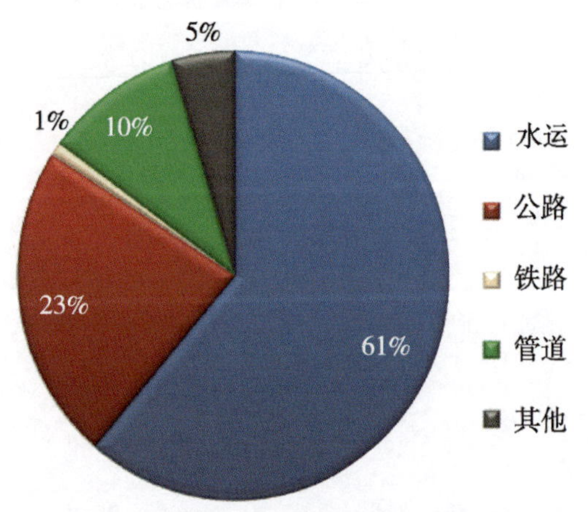

图 3-1　2020 年集疏运方式构成图

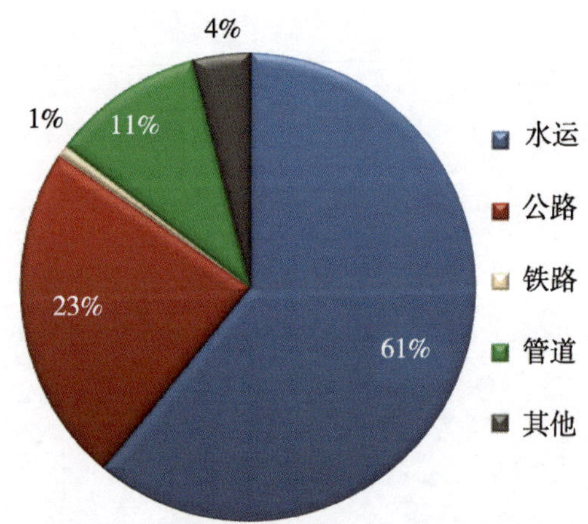

图 3-2　2030 年集疏运方式构成图

第四章 到港船型发展预测

第一节　到港船型现状

一、到港船型现状及特点

宁波-舟山港作为长江三角洲及长江沿线地区外贸大宗原材料海进江转运中心和集装箱干线港，随着港口货物吞吐量的迅猛增长，进出货运船舶总艘次及船舶载重吨位呈现快速增长趋势。2014 年进出货运船舶已达到 12.1 万艘次、15.2 亿载重吨，客运船舶达到了 35.3 万艘次、1.4 亿客位。2005 年以来分船种、分吨级进出海船变化详见表 4-1，2014 年宁波-舟山港到港海船现状见表 4-2，2005 年、2014 年宁波-舟山港分船种、分客位到港海船变化详见表 4-3。

宁波-舟山港分船种、分吨级到港海船变化表　　单位：艘次　　表 4-1

年份	船舶种类	总计	其中：大吨位船舶			
			1 万～3 万吨	3 万～5 万吨	5 万～10 万吨	≥ 10 万吨
2014 年	合计	121473	7322	11011	2484	3945
	油船	25022	100	708	0	544
	液化气船	712	5	78	0	20
	液体化工品船	3965	233	247	0	2
	散货船	20098	5627	6357	0	1355
	集装箱船	12879	1100	3514	2484	2000
	杂货船	58797	257	107	0	24
2005 年	合计	96438	5088	2159	1252	862
	油船	17564	837	329	120	258
	液化气船	951	0	0	17	0
	液体化工品船	1548	246	29	3	0
	散货船	9024	1550	306	420	370
	集装箱船	6454	1954	1462	692	234
	杂货船	60897	501	33	0	0

注：1. 资料来源：浙江海事局。

2. 数据为货运船舶、不含客运及非运输船舶。

3. 1 万～3 万吨级含 1 万吨，依次类推，下同。

2014 年宁波–舟山港到港海船现状表　　单位：艘次　　表 4-2

市域港口	船舶种类	总计	其中：大吨位船舶				
			1 万 ~ 3 万吨	3 万 ~ 5 万吨	5 万 ~ 10 万吨	≥ 10 万吨	
						艘数	平均吨位（万吨）
宁波	合计	71977	4799	6646	2168	2846	11.4
	油船	13663	100	356		271	26.8
	液化气船	599		78		20	13.0
	液体化工品船	3010	233	200		1	
	散货船	11352	3293	2891		548	18.5
	集装箱船	11265	1000	3121	2168	2000	11.5
	杂货船	32088	173			6	
舟山	合计	49496	2523	4365	316	1099	16.2
	油船	11359		352		273	19.9
	液化气船	113	5				
	液体化工品船	955		47		1	
	散货船	8746	2334	3466		807	18.6
	集装箱船	1614	100	393	316		
	杂货船	26709	84	107		18	

宁波–舟山港分船种、分客位到港海船变化表　　单位：艘次　　表 4-3

年份	市域港口	船种	总计	其中：		
				≤ 50 客位	50~100 客位	≥ 100 客位
2014 年	合计	客船	158712	11103	67398	80211
		客渡船	194086	47172	43342	103572
	宁波	客船	11753	901	9753	1099
		客渡船	71890	33089	21414	17387
	舟山	客船	146959	10202	57645	79112
		客渡船	122196	14083	21928	86185
2005 年	合计	客船	194414	0	144173	50241
		客渡船	72252	31675	0	40577
	宁波	客船	61323	0	41386	19937
		客渡船	31675	31675	0	0
	舟山	客船	133091	0	102787	30304
		客渡船	40577	0	0	40577

宁波-舟山港进出海船主要发展特点如下：

1. 船舶总艘次快速增长，船舶平均吨位明显增大

进出船舶艘次由2005年的9.6万艘次增长到2014年的12.1万艘次，船舶载重吨位则由2005年的5.3亿吨增长至2014年的15.2亿吨，年均增速分别为2.6%和12.4%；船舶平均载重吨位由2005年的5500吨/艘次增长至2014年的12504吨/艘次，其中外国船舶平均吨位则由4.1万吨/艘次增长到7.1万吨/艘次。

2. 大型船舶数量迅猛增长

进出港船舶中，大型船舶呈快速增长势头。2014年进出港1万吨级及以上、3万吨级及以上和5万吨级及以上船舶艘次分别达到24762艘次、17440艘次、6429艘次，与2005年相比年均增长速度分别为11.4%、16.9%和13.2%。同时，10万吨级及以上大型船舶增长最为迅猛，由2005年的862艘次增长到2014年的3945艘次，年均增速达到18.4%，大型船舶以油船、散货船及集装箱船为主。

3. 车客渡船总数量迅猛增长，船舶结构发生变化

进出宁波-舟山港的客运船舶主要是陆岛交通的客船及车客渡船，以100客位左右的小型船舶为主。车客运船舶总数快速增长，由2005年的26.6万艘次增长到2014年的35.3万艘次，年均增速3.2%，其中，客运船舶变化不大，车客渡船大幅增长，由7.2万艘次大幅增长到19.4万艘次。船舶结构发生变化，其中50客位及以下、50～100客位、100客位及以上船舶年均增速分别达到了7.0%、-2.9%、8.1%。其中，100客位及以上船舶由2005年的9万艘次增长到18.4万艘次。

二、主要货类运输组织和船型发展现状

进出宁波-舟山港批量较大的货类主要有煤炭、铁矿石、原油、集装箱，批量相对较小的货类有钢铁、粮食、水泥以及其他散杂货等。各货类主要运输船型如下：

1. 煤炭

宁波-舟山港承担的煤炭运输主要为宁波本地电力、石化、冶金等企业生产用煤炭和温台地区以及浙西、赣东的煤炭中转服务。调入煤炭主要是来自山西、陕西、内蒙等地的北方煤及少量来自印度尼西亚、澳大利亚等地的外贸进口煤。其中，北方煤主要是来自秦皇岛等环渤海地区的煤炭下水港，主流运输船型为5万～8万吨级散货船；来自印度尼西亚、越南等地的外贸进口煤

炭运输船型以6万～8万吨级的巴拿马型船为主，来自澳大利亚的煤炭运输船型以15万～20万吨级的好望角型船为主。为浙江沿海其他海港中转的运输船型以5000吨级以下散货船为主。

2. 石油、天然气及制品

宁波–舟山港主要为长江三角洲及长江沿线地区的外贸原油进口及油气品调运服务。

原油：宁波–舟山港外贸进口原油主要来自中东及非洲地区，运输船型主要为20万～30万吨级的VLCC大型油船；内贸进口原油主要来自海上原油，运输船型以6万～8万吨级船为主。原油到港后除供应镇海炼化外，还将通过甬沪宁管线和二程船供应上海和长江沿线炼油厂，二程船以3万～4万载重吨的原油船为主。

成品油：宁波–舟山港在成品油运输中主要承担本地石化企业油品调运、省内油品调拨及为长江三角洲地区转运部分油品。沿海成品油运输船型以几千吨～1万吨级船型为主；外贸进口成品油主要来自韩国、日本、中国台湾等国家和地区，运输船型主要为1万～4万吨级的成品油船，最大为8万吨级成品油船。

液体化工品：宁波–舟山港已成为全国最大的液体化工品中转基地之一，主要是为杭州湾以南石化产业带服务，主要货种为乙二醇、对二甲苯、甲醇等，以外贸进口为主，运输船型主要为2万～5万吨级。

3. 铁矿石

宁波–舟山港是我国最大的外贸铁矿石中转基地，主要承担长江三角洲和长江沿线地区钢厂的铁矿石外贸进口任务。

腹地钢厂所需铁矿石以外贸进口为主，主要来自澳大利亚、巴西、南非、印度等国家。巴西、南非航线运输船型主要为25万～35万吨的大型干散货船，澳大利亚航线以15万～20万吨的大型散货船为主，印度航线主要为6万～8万吨的巴拿马型散货船。中转至长江沿线的运输方式主要有两种：一是采用江海直达运输船型运输至长江沿线港口，其中江苏沿江港口运输船型以2万～3万吨级散货船为主，南京以上港口江海直达船型以0.5万～1.5万吨级船型为主；二是随着长江口深水航道治理工程的实施，出现了一种新的运输方式，来自澳大利亚、巴西、南非航线的10万～20万吨级大型散货船在宁波–舟山港减载部分矿石后直达进江，运抵南通港、苏州港等江苏沿江港口，随着航道条件的改善，这种运输方式所占比例越来越大。

4. 集装箱

宁波–舟山港集装箱运输持续快速发展，2014年吞吐量已突破1900万TEU大关，2005年以来年均增速高达15.6%，国内、国际排名分别跃升至第3位和第5位。国际班轮航线快速增加，航班密度大幅度加大，形成了以欧美航线为核心，覆盖世界十二大航区主要港口的国际班轮网络。截至2014年底，已开辟国际班轮航线187条，其中美洲线42条、欧洲线14条、地中海及中东线29条、非洲线20条、澳洲线8条、俄罗斯线7条、亚洲线59条，国际班轮航线几乎全为周班。目前，中外知名集装箱船公司几乎都挂靠宁波。

随着宁波-舟山港国际班轮航线的快速增长，进出集装箱船等级多样化和大型化趋势明显，大型集装箱船比例不断上升，最大船型不断突破。目前欧洲航线运输船型几乎全为6000TEU以上大型运输船，其中，10000TEU以上大船占总艘次的54.2%，2013年8月16日，北仑港区成功靠泊"马士基麦克凯尼穆勒"，满载载箱量18000TEU；美西航线运输船型以5000～9000TEU船为主，其中5000TEU以上船舶占比80%；美东航线、中南美航线、非洲航线、澳洲航线及中东航线等中近洋航线运输船型以5000～8000TEU船为主；亚洲航线则以3000TEU以下船为主，3000～5000TEU船仅为少量；内贸集装箱船型南北航线以1000～2000TEU为主，华东—华南、北方航线船型以100～500TEU为主；内支线运输船型主要为100～400TEU集装箱船。

5. 粮食

粮食运输主要为浙江本地的粮油加工企业服务，少量中转至长江沿线的南通、张家港等地。外贸进口的大豆、玉米占比近80%，主要来自北美、南美和澳洲等国家，运输船型以6万～8万吨级的巴拿马型船为主；少量来自东北地区的大连、营口及锦州地区，运输船型以1万～3万吨级船为主。

6. 钢铁

钢铁运输主要为浙江本地及江苏、上海等腹地内钢材贸易企业服务。钢铁主要来自北方的唐山、营口、日照以及沿江地区，少量外贸进口钢铁主要来自日本、韩国等近洋国家。目前已经开通与北方港口之间的钢铁班轮航线，运输船型以1万～3万吨级杂货船为主，少量3万～5万吨散货船。

7. 其他散杂货

从散杂货运输的特性来看，与煤油矿箱等货物不同，散杂货运输具有品种杂、附加值低、批量小等特点。矿建材料：矿建材料主要来自福建和广东两省，运输船型主要为5000吨级船；水泥：水泥主要来自安徽的铜陵、芜湖等地，部分来自辽宁省的大连、营口和山东省的青岛、日照等地区，运输船型以0.5万～1万吨级船为主；非金属矿石：主要来自安徽省的铜陵、芜湖、池州等地区，货种主要为石灰石、方解石、白云石等，运输船型以0.5万～1万吨级小型船为主。

第二节　到港船型预测

一、全球海运船队发展趋势

1. 干散货船

截至2014年底，世界万吨级以上干散货船共计10316艘、7.6亿载重吨，2005年以来年均增速分别达到了7.0%、9.6%。平均载重吨由2005年的5.9万t增长到2014年的7.3万吨/艘，干散货船大型化仍在继续。万吨级以上干散货船订单达到了1.7亿载重吨，占现役船队运力的22.5%。从不同船型的订单来看，以6万~10万吨级的巴拿马型船为主，其他船型均衡分布。

其中，20万吨级及以上超大型散货船订单3730万载重吨，占在役船队的37.3%，巴西淡水河谷为主建造的35艘40万吨矿石船已有16艘下水，未来计划投入巴西—中国航线；10万~20万吨级散货船订单3530万载重吨，占到了现役船舶的16.9%。10万吨级以上散货船除了部分用于煤炭运输外，主要用于远洋铁矿石运输；6万~10万吨级的巴拿马型船主要用于远洋粮食、煤炭和其他散货运输；灵便型船主要用于近洋、沿海的散货运输。

2. 集装箱船

全球集装箱船队已发展到5106艘、1821.0万TEU，自2005年以来的年均增速分别为3.9%，9.4%，船舶平均箱位由2005年的2200 TEU/艘，增长到2014年的3566TEU/艘。各船型增长并不均衡，8000TEU及以上的超大型集装箱船增长迅速，其中，10000TEU以上超大型船2010年仅为61艘，2014年已增长到254艘。目前，最大船型为1.8万TEU，未来仍有可能进一步大型化，马士基正在研制2.2万TEU集装箱船。

在主要远洋集装箱运输航线中，远东—欧洲航线的船型以10000TEU及以上的大型集装箱船为主，新投产的1万箱以上的超大型集装箱船几乎全部在该航线上运行；远东—美洲、中东地区的航线船型一般以5000~8000TEU为主，少量8000TEU的大型集装箱船；在沿海和近洋的集装箱航线1000~3000TEU的集装箱船成为主力运输船型。

截至2014年底，全球集装箱船订购量为440艘、327.9万TEU。订造船型以8000TEU以上大型集装箱船为主，其艘数及箱位分别占到订购运力的51%和83%。在超大型集装箱船方面，最为引人注目的是1.4万TEU超大型集装箱船订单的持续出现，以及马士基20艘1.8万TEU超大型集装箱船的大订单。2015年集装箱新船交付量189万TEU，全球集装箱船队运力将近2010万TEU。

3. 油船

液体散货运输船是世界船队中吨位所占比例最大的船型，包括原油船、成品油船、液体化学品船、LPG、LNG船。原油船、成品油船和油/化学品船在吨位结构上有很大不同。超过95%的原油船集中于4种船型：8万~12.5万吨级的阿芙拉型、12.5万~20万吨级的苏伊士型、20万~30万吨级的巨型油轮VLCC和30万吨级及以上的超巨型油轮ULCC，其中VLCC占绝对优势。从目前已知的订单情况来看，今后这种吨位结构也不会有大的变化。

成品油船由于受供需分布相对分散、批量规模较小以及港口条件和炼油厂的生产能力等方面的限制，所采用的船型远比原油船要小得多。成品油船主要集中于1万~12万吨，油/化学品船则主要集中于1万~3万吨级小灵便型和3万~6万吨级大灵便型两种船型。

截至2014年末，全球油轮船队（万吨级以上原油船、成品油船）已达8489艘，6.4亿载重吨。

4. LNG船

截至2014年底，世界LNG船队保有量为397艘，总装载量达5726万m^3，其中装载量为12万~16万m^3的273艘，总装载量为3863.8万m^3，分别占到了全球LNG船队的总装载量的69%和67%，为主流船型。目前最大LNG船型为26.7万m^3。从订单情况看，截至2014年底，世界LNG船订单总数量为124艘，总装载量1866.9万m^3，分别占现有船队运力的31%、33%，新订造船几乎全为14万~20万m^3船。

5. 杂货船

2014年初，世界杂货船舶共计16794艘、10798万载重吨，与2000年相比，艘数下降2.5%，载重吨增长7.9%，在各类船舶中属于增长速度较慢的一类，究其原因，虽然近年来钢铁、大件设备运量增加促进了杂货船保有量的上升，但集装箱运输方式的普及，使越来越多的杂货转向多用途船舶运输。

杂货船中增长最快的是3万吨级以上的大型杂货船，2014年初杂货船队中3万吨级以上的杂货船的保有量达到583艘、2433万载重吨，分别比2000年增长121.7%、121.2%，这种船型适应面较广，既能用于远洋航线，也适用近洋和沿海航线；既能用于杂货运输以及各种大件设备运输，还能运输集装箱。因此，未来这个吨级的杂货船仍将有一定的发展空间。

6. 邮轮

全球邮轮市场现状：总运力达344艘、1732万总吨、45万客位，其中10万吨级及以上的船舶占总艘数的23%、总吨位的50.5%，船舶平均吨位和平均客位数分别达到5万总吨和1300客位。

目前，加勒比海航区以10万总吨级以上船型为主，其中，世界上最大的豪华邮轮——皇家加勒比公司的“海洋魅力号”和“海洋绿洲号”运营于该航区，两艘船舶达22.5万总吨、5400客位，造价约15亿美元。地中海航区以8万～10万总吨级船型为主，少量15万总吨级船型旺季进入该航区营运。阿拉斯加、北海及波罗的海、南美航区以5万总吨级以下船型为主。亚太航区以8万总吨级以下船型为主，少量15万总吨级船型旺季进入本航区营运。

近年来，邮轮大型化趋势明显。从2010年开始新交付的邮轮中10万总吨级以上船型超过50%；船市邮轮手持订单中10万～15万总吨级船型数量达65%。考虑需求增长及运输规模等因素，预计亚洲地区邮轮船型将继续向大型化趋势发展，主力船型以5万～8万总吨级为主，运输旺季10万～15万总吨级船型到港数量将快速增长。

7. 商品汽车滚装船

汽车运输船是指专门用于运输成品小型轿车为主，兼运商务车或大型车辆的纯汽车运输船。世界现有汽车运输船中，以大型载车船为主，其中3000车位以下载车船船舶艘数及车位数分别占18%、4.8%，仅占少数；其中4000～7000车位船舶艘数及车位数分别占到71%、85%，目前最大载车船已达8000车位。

二、运输船型发展预测

1. 煤炭

煤炭运输仍将维持现有运输格局，来自秦皇岛、黄骅等北方港口的煤炭运输主流船型将以5万～10万吨级散货船为主，来自印度尼西亚、越南等地的外贸进口煤炭运输船型将以6万～10万吨级的巴拿马型船为主，来自澳大利亚的煤炭运输船型将以15万～20万吨级的好望角型船为主。为浙南沿海其他海港中转的运输船型将以万吨级以下散货船为主。长江沿线外贸煤炭中转以5万吨级及以下船型为主。

2. 石油及制品

来自中东及非洲地区的外贸进口原油运输船型仍将以20万～30万吨级的VLCC/ULCC大型油船为主；海上原油运输船型以6万～8万吨级船为主；沿海成品油运输船型以0.5万～1万吨级船型为主；外贸进口成品油以1万～5万吨级船为主；液体化工品运输船型以3万～5万吨级船为主；LNG运输船将以14万～26.7万m^3船为主；沿海中转运输船型将以1万～5万m^3船为主。

3. 铁矿石

巴西、南非航线运输船型将以25万～40万吨的大型散货船为主，澳大利亚航线将以15万～20万吨级的大型散货船为主，印度航线将以6万～8万吨级的巴拿马型散货船为主，减载进江运输船型将以10万～20万吨级减载船为主，二程中转运输船型将以3万～5万吨级江海直达船为主。

4. 集装箱

欧洲航线运输船型将以8000TEU以上大型集装箱船为主；美西航线运输船型将以6000～9000TEU船为主；美东航线、中南美航线、非洲航线、澳洲航线及中东航线等中近洋航线运输船型将以5000～8000TEU船为主;亚洲航线将以3000TEU以下船为主;内贸航线将以2000～3000TEU集装箱船为主；内支线运输船型主要为100～500TEU集装箱船为主。

5. 粮食

从美国、加拿大等地进口的粮食将以5万～10万吨级巴拿马型散货船为主；来自北方沿海港口的粮食将以1万～3万吨级散货船为主。

6. 邮轮

目前，亚太航区邮轮以8万总吨级以下船型为主，考虑需求增长及运输规模等因素，预计亚洲地区邮轮船型将继续向大型化趋势发展，主力船型以5万～8万总吨级为主，运输旺季10万～15万总吨级船型到港数量将快速增长，20万总吨级及以上大型邮轮也有可能出现。推荐船型为5万、8万及15万总吨级邮轮。

7. 商品汽车

随着腹地汽车工业的快速发展，调运需求将不断增大，汽车海运市场前景将更加看好，梅山保税港区将为其提供便捷的出海通道。运输船型推荐 1000 车位、4000 车位的汽车运输船。

8. 其他散杂货

钢铁国内沿海运输船型主要为 0.5 万 ~ 2 万吨级杂货船，近远洋运输船型将以 3 万 ~ 5 万吨级灵便型散货船为主。矿建材料、水泥、非金属矿石等其他散杂货类的运输船型较杂，将以 0.5 万 ~ 2 万吨级杂货船为主，少量 2 万 ~ 5 万吨级散货船。

第五章 港口岸线利用规划

第一节　岸线自然资源评价

一、两市海岸线概况

宁波-舟山海域北起杭州湾东部的花鸟山岛，南至石浦的牛头山岛，岸线蜿蜒曲折，港湾、河口和半岛众多，外海岛屿星罗棋布，南北长约220km。该区域自北向南分布有杭州湾、象山港和石浦港等港湾，沿岸有钱塘江、甬江等河流入海，星罗棋布的岛屿形成对外海波浪的天然屏障。

1. 港口岸线资源相对丰富

北部外海群岛海岸属于稳定型和侵蚀型海岸，岛屿迎风面由于受外海较强风浪和潮流的作用，岸线曲折，岬湾相间，岛屿背风面岸线建港条件良好，但缺乏陆域；中部大陆海岸线受到北部外海岛屿掩护，波浪小，水深条件优良；南部大陆岸线主要集中在象山港和石浦港地区。象山港为深嵌内陆的港湾，波浪掩护条件良好，拥有部分较好的深水岸线；石浦港地区港汊众多，港区东部地区拥有部分深水岸线。

2. 潮差大，潮流强，深槽长期稳定

宁波-舟山海域属于中等强潮海区，平均潮差1.8 ~ 3.5m，为船舶乘潮进港提供了条件。潮流流速由南向北逐渐增强，杭州湾和舟山群岛附近部分水道的涨落潮流速可达3 ~ 4节，强劲水流对维持港口岸线和航道水深起关键性作用。长期以来，由于水流动力维持，海域深槽基本稳定。

3. 泥沙来源丰富，近岸含沙量高

长江口每年下泄数亿吨的泥沙，其中20% ~ 30%在沿岸流的作用下由北向南扩散，杭州湾和浙东沿海水体的平均含沙量高于0.5kg/m^3；部分泥沙在浅海一带沉积，使多数海湾的中部和顶部形成大片的滩涂。丰富的泥沙来源对维持近岸港池开挖、航道水深不利，但可促淤成滩扩大陆域面积，对在缺少土地的岛屿和基岩岸线的地方建港有利。

4. 台风多，波浪大，风暴潮强

台风、海浪和风暴潮是该地区沿海主要灾害。平均每年约有3.7次台风影响该地区，0.7次台风在本地区沿海登陆，最大风力可达12级以上。该水域外海是我国沿海的大浪区，最大波高可达10m以上，但由于有沿海众多岛屿掩护和浅水影响，近岸波浪明显减小。台风引起的风暴潮增水一般在2m以上，最大达4.3m以上，沿海一带都建有高标准的海堤。

二、主要岸段资源评价

1. 甬江及其以北大陆海岸线

该岸段地处钱塘江河口段至杭州湾南岸，受波浪和甬潮影响较大，泥沙运动活跃，以淤泥质河口平原海岸为主，陆域平坦，潮滩宽缓，岸线外延较快，为淤涨型海岸。甬江沿岸是宁波港口和城市的发源地，处于主城区的港口已不适应现代航运发展需要，城区以外港口对城市生产、生活的物资运输仍发挥较大作用。

2. 甬江口以南至北仑区西界和梅山岛

该岸段以基岩海岸和淤泥质平原海岸相间的峡道型港湾为特色。金塘、螺头水道为双通道峡谷型潮汐通道，是沿地质构造形成的潮流深槽，天然水深大、水流平顺、流速和含沙量较大，水深大部分逾20m，为天然深水通海航道。港湾沿岸的基岩岸段山丘直抵海边，岸坡陡、水流急，有的岸段迎风浪、陆域陡峭、少平地。山间淤泥质平原海岸段陆域平坦、水域泊稳条件较好，深水近岸的岸段可发展5万～20万吨级深水泊位。穿山西口南侧2300m岸线是港口开发的优良岸段。此外，大榭岛的北岙、大田湾、关外和下岙，穿山半岛北岸的童家峙和贺家，梅山岛盘峙山至梅山化工厂南等岸段，均为深水港口岸线。

3. 象山港

象山港位于穿山半岛与象山半岛之间，为深入内陆的狭长半封闭海湾，港内海湾两侧毗连山丘，沿港岸线曲折。象山港口外岛屿众多，形成天然屏障，掩护条件较好。象山港周围无大河注入，湾内水深和岸滩稳定。象山港为向斜谷形成的峡道型潮汐通道海湾，纳潮量大，潮流深槽水深一般10～20m，形成天然深水航道，但出海航门水深较小，与佛渡水道和牛鼻山水道间的水深不足10m的浅段分别长约6km和15km。象山港内多小型淤泥质平原海岸，陆域平坦、有一定纵深，并可开山填海，作为港口和临海工业用地。

象山港港湾内，是浙江省主要的水产养殖和贝类苗种基地之一，但水体交换和自身净化能力相对较差。象山港港口岸线的开发，必须注意综合利用和环境保护。象山港湾口段，北岸的黄岩头以东以及南岸鲁家角以东段岸线后方陆域条件较好，深水近岸，水域开阔，水体交换相对较好，污染易于控制。

4. 象山港以南

三门湾是强潮海湾，形成宽浅型多汊港湾，岸线曲折，潮汐汊道众多，港汊深嵌内陆，水道稳定，潮滩发育，海域和滩涂宽阔。三门湾周边山丘环抱，环境较闭塞，近岸深水岸线较少，港口发展缓慢，滩涂多用于开发水产养殖和围垦，是浙江省海水养殖基地之一。石浦港是浙江省第二大渔港和台湾渔船的避风补给基地，岛陆间的潮汐水道狭长隐蔽，主槽水深基本稳定，沿岸多人工围滩，纵深不大，中、深岸线资源各占1/3，陆域平坦，为港口及临海工业发展岸线。

5. 老塘山岸线

该岸线位于舟山本岛西南端，南起冒头山山岬，北至老塘山，岸线总长约7km。该段岸线掩护条件良好，风浪小、流速较低，岸线顺直，20m等深线距岸约1.5km，15m等深线距岸约1km；岸线滩槽稳定，冲淤基本平衡；土层力学性质较好，埋深适中，分布稳定；陆域地势开阔平坦，纵深620～880m，以农田和鱼塘为主；水域宽阔，航道可通航15万～25万吨级船舶。

6. 舟山本岛北部岸线

马岙岸线位于舟山本岛西北部，西起擂鼓，东至金海船业，10m等深线距岸100m，水域宽度大于1000m，后方陆域较为宽阔，多为盐田和农田。航道经整治后，10万吨级船舶可自由出入，15万吨级船舶可乘潮进港。

白泉岸线西起浪熹，东至梁横山北端的大麦秆礁。东段岸线10m等深线距岸为50～2100m，中部有岬角（钓山）突出，岸线呈弧形，有大片滩涂现正在围填；水域开阔，但易受东北和偏东向波浪的影响，涨落潮流速为2～3节；陆域大部分为盐田，纵深较大，该段岸线须围填后形成。航道10万吨级船舶自由出入，15万吨级可乘潮入港。

7. 金塘岛岸线

该岸线位于金塘岛，岸滩稳定，水深条件好。其中，西岸线包括木岙岸线和大浦口岸线，长约6km，10m等深线距岸100～300m，陆域较为宽阔，后方有大片盐田和农田。东南岸线上岙至北岙，长11.5km，呈凸弧形；岸线后方的山体较高，紧临岸边，陆域狭窄，水下岸坡较陡。该岸线水域宽阔，避风条件好。

8. 六横岛岸线

该岸线位于六横岛的西北和东岸，岸线长21km。东部岸线从二湾至葛藤涂，长度近10km，-10m等深线距岸200 ~ 800m，后方陆域宽阔、平坦，前方水域开阔，泊稳条件良好，通海航道顺畅；西北岸线南起火烧山咀，东北至东浪咀以东一湾，长12km，深水逼岸，-15m等深线距岸180 ~ 500m，后方陆域多山，仅在岸线中部涨起港附近有部分平原，此段的北部岸线水深大，水域靠近佛渡水道，后方有海积平原。

凉潭岛分为大、小凉潭岛两个岛屿，由堤坝相连，可利用港口岸线长度2km。小凉潭岛最高海拔为56m，大凉潭岛最高海拔为83.7m。山体坡度缓，风化层薄，岛屿中西部经人工围涂而形成海积平原，经人工改造，已辟为养殖塘。凉潭岛海岸线曲折，以基岩海岸为主，湾岙岬角相间，海洋水动力作用较强，深槽近岸，岛屿北部为条帚门水道。

9. 长涂岛岸线

小长涂岛西侧岸线隔岱山水道与岱山岛相望，北起野猫洞，南至酒坛山，岸线长3.6km，南北走向。-10m等深线距岸100 ~ 350m；陆域较为狭窄，正在填海造陆；水域的掩护条件较好，通海航道顺畅。

大长涂岛位于小长涂岛东侧，岛屿南侧岸线长约10km，东西走向，近岛屿侧水深较浅，适宜陆域围填。其中，西侧近岸岛屿前沿水深条件较好，可依托建设大型泊位；东侧陆域已实施围填工程，10m等深线距岛屿平均1.3km，适宜建设万吨级泊位。大长涂岛东部岸线水深较好，但岛屿紧密分布，区域流态复杂，下阶段可根据实测资料，再行研究开发利用事宜。

10. 岱山岸线

岱山岛西南部岸线自浪激咀向西至小岙村，长约11km。10m等深线距岸200 ~ 1100m，水域宽阔，避风条件良好，通海航道最浅水深14m；后方为大片盐田和农田，陆域平坦开阔，纵深较大；紧邻浙江省省级经济开发区。

岱山西北部有大面积的滩涂围填区域，通过围填造陆，可形成自然岸线近20km，适宜发展大型海洋产业。大小鱼山位于岱山岛西侧，其岛屿波影区具备通过围填形成大规模的港口陆域的可能性，初步预计形成自然岸线约10km，是岱山岛岸线的后备资源。

11. 蛇移门岸线

该岸线包括衢山岛东侧岸线和鼠浪湖岛西侧岸线，其间是蛇移门水道。衢山岛东侧岸线从大砂头至外社依，长约3.5km，20m等深线距岸700 ~ 1100m。岸线后方多山，陆域狭窄，须填海造陆；风浪掩护条件南段好于北段。鼠浪湖岛西侧岸线填海后形成岸线4km。20m等深线距岸100 ~ 900m，掩护条件较好，填海航道顺畅。

12. 衢山南岸线

衢山岛南部岸线长约13km，10m等深线距岸100 ~ 450m，后方陆域狭窄，山体近岸，但有较多海湾，其滩涂可围填造陆；该岸线直面岱衢洋，风浪较大，掩护条件相对较弱。

13. 黄泽山岸线

黄泽岛的岸线从黄泽小山至长山咀，长度约3km，后方陆域狭窄，需填海造陆。黄泽岛与双子山相对，两岛中部在海流作用下形成深槽，-20m等深线距两岸约500m，风浪较小，天然航道的水深大于20m。

14. 马迹山岸线

马迹山岸线主要包括马迹山西南、南面、东南三段深水岸线，共7.3km。

西南侧岸线长2km，前沿水深20m左右，后方浅滩可围垦陆域约10km^2。马迹山南侧岸线长约1.7km，前沿水深20 ~ 30m。目前，建有马迹山矿石泊位。东南侧岸线长3.6km，水深10 ~ 30m，围垦可形成陆域约5km^2。该岸线周边被岛屿环抱，掩护条件较好，ESE向有深水航道与外海相通，水域开阔；但该水域的水流流速较大、易受外海长周期波的影响，对船舶靠泊不利。

15. 洋山岸线

小洋山岛位于杭州湾口，经连岛改造，现已形成深水岸线13.5km、水深15m。航道经东部黄泽洋与外海相连，自然水深11m左右。

大洋山岛位于小洋山岛南侧，隔海相望，包括大洋北侧岸线和大洋岛南侧岸线，共计15.5km。大、小洋山岛区位相邻、建港条件相似，存在掩护条件差，易受偏西和东北向风浪的影响；近岸水域的流速较大，不利于船舶航行和靠离泊；海域水体含沙量较高，泥沙运动活跃等问题。

三、海岸线利用现状

宁波、舟山两市海岸线总长3922km。其中，大陆海岸线816km，岛屿海岸线3106km。海岸线利用现状为渔业、交通运输、工业、旅游娱乐、海底工程、造地工程等用途，已利用海岸线1032km，占比26%；尚未开发海岸线2890km，占比74%。其中，港口航运已使用海岸线236km，仅占海岸线总长的6%。分资源类型岸线利用情况如图5-1所示。

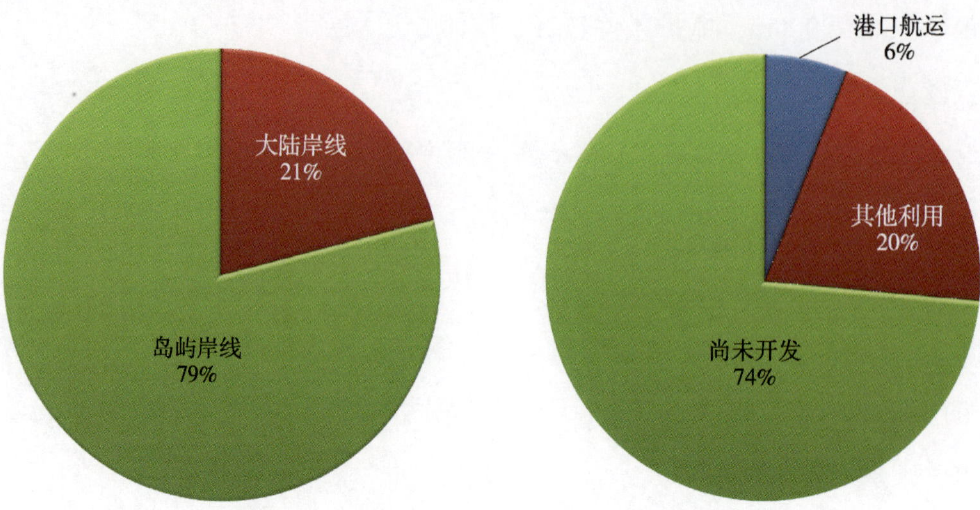

图5-1 分资源类型岸线利用情况分析图

第二节　港口岸线利用规划

一、港口岸线规划原则

1. 适应性原则

应服从宁波、舟山两市经济、社会发展的总体战略和目标，满足该地区和腹地对港口规模的要求，适应港口自身发展的需求。

2. 协调性原则

应与城市总体规划、海洋功能区划、环境保护规划等有关规划相协调，充分考虑各行业和城市发展对岸线的需求，综合平衡、统筹安排。

3. 一体化原则

宁波、舟山港口岸线资源特点各异，应统筹岸线利用，发挥各自优势，引导综合运输及海洋产业在全港统筹布局。

4. 优先性原则

港口开发对岸线及水陆域资源的开发条件要求较高，备择性较窄，宜港岸线应优先满足港口发展的需要。

5. 可持续发展原则

岸线规划必须充分考虑港口未来发展的需要，有效保护规划期内暂不开发的岸线资源，保证港口可持续发展。

6. 集约化原则

岸线利用应坚持深水深用，鼓励专用码头与公用码头相结合的开发模式，力求充分利用岸线，避免重复建设。对布局分散、利用率低的港口岸线进行整合，实施集约化调整。

二、港口岸线资源分类

为体现港口岸线在资源条件和功能定位上的差异，与港区功能分工相结合，合理布局、有效利用岸线资源，体现有序开发、远近结合、合理保护，为港口空间拓展留有余地。将宁波-舟山港规划港口岸线界定为Ⅰ类、Ⅱ类和Ⅲ类，具体划分如下：

（一）Ⅰ类港口岸线

资源开发条件优越，发展方向及功能定位基本明确，港口开发不存在重大限制性因素，适宜规模化、大型化发展，可以为综合运输和大型临港工业发展，提供优越条件的岸线。

（二）Ⅱ类港口岸线

该类岸线资源开发条件良好，发展方向及功能定位基本明确，港口开发不存在重大限制性因素，适合因地制宜进行相应开发，可以为城市客货物资运输、分散布局的海洋产业、休闲旅游、海上支持系统等提供配套服务。

（三）Ⅲ类港口岸线

该类岸线是资源条件较好，但发展方向及功能定位尚不明确的宜港岸线。港口开发受到环境保护、围填海、跨海大桥等因素影响，尚须开展系统的前期论证工作，近期难以规模化开发。

Ⅲ类港口岸线的使用需经专题论证，在功能定位及约束条件明确前，宜暂缓开发。

三、港口岸线规划方案

（一）港口岸线规划综述

港口岸线涵盖公用码头、企业专用码头，海洋产业配套码头，城市生产、生活码头，支持系统码头等占用的自然岸线，包括已开发利用、在建、近期开发及远期预留的港口岸线。

宁波-舟山港规划港口岸线总长约550km，占两市海岸线总长3922km的14%。其中，已利用236km，存量岸线资源314km。存量资源中，Ⅰ类港口岸线139km，占44%，Ⅱ类和Ⅲ类港口岸线分别占22%和34%。此外，部分为城市休闲旅游配套的游艇码头、服务岛屿居民出行的陆岛交通码头等使用的港口岸线，可结合城市规划和陆岛交通专项规划另行确定。

（二）港口岸线结构分析

规划港口岸线的结构分析主要体现在港口岸线的总量、已利用、存量资源之间的关系，体现在Ⅰ类、Ⅱ类、Ⅲ类港口岸线之间的关系，体现在公共运输、城市生产生活运输、海洋产业配套运输等港口岸线功能之间的关系。

按岸线等级划分，Ⅰ类港口岸线261km，占全部港口岸线的48%，反映了宁波-舟山港良好的深水资源优势。Ⅱ类港口岸线184km，Ⅲ类港口岸线105km，所占比例分别为33%和19%。

按行政归属划分，宁波市域的港口岸线总量、存量以及Ⅰ类港口岸线的长度分别占全港的34%、30%和33%。舟山市域的港口岸线总量、存量以及Ⅰ类港口岸线的长度分别占全港的66%、70%和67%。其中，Ⅰ类港口岸线的存量资源，占全港的比例达81%，发展潜力巨大。

四、港口岸线管理建议

（一）岸线利用的主要问题

（1）岸线开发缺乏统一的管理机构和相应的开发规划。岸线开发利用涉及到岸线和相应的海域和陆域，应把岸线、陆域和海域作为一个整体，统一规划和管理。目前，对岸线的开发没有一个权威的机构进行统筹管理，制定相应的岸线开发规划，以协调各行业对岸线和相关海域和土地的需求。

（2）部分岛屿在缺乏统一规划情况下实施开山填海工程，多家开发，缺乏协调，功能雷同；个别企业未经批准填海造地，填海方案欠缺深入论证，岸线利用低效。

（3）有关甬江通航段的开发利用，城市规划和甬江沿岸产业布局、港口发展不协调，跨江建筑物的建设没有兼顾甬江通航标准，杭甬运河连通工程难以实施。

（二）岸线管理的主要建议

1. 岸线审批严格符合规划

政府部门在布局海洋产业和岸线规划、管理、开发时，应以批复或审定的港口总体规划为唯一依据，原则上不符合港口规划的工程项目，不允许开工建设。确须布局、建设的，必须开展专题论证，并经相关主管部门审定后纳入港口总体规划。项目引入原则上符合产业入驻要求和标准，不符合标准，项目应另行选址，政府主管部门须按规划严格管理，树立规划的严肃性。

2. 岸线利用注重分级管理

根据岸线等级分类，Ⅰ类港口岸线服务于主要货类运输系统建设、海洋产业集聚发展和规模化公共码头作业区建设，是构建综合运输体系、建设国际物流枢纽岛和海洋产业集聚岛的核心资源，对宁波-舟山港的发展具有战略意义。在岸线使用审批上，更多体现的是中央事权，是港口行政管理部门实施行业管理的关注重点。Ⅱ类港口岸线的服务对象较为单一、辐射范围有限，规划指导较为弹性。岸线利用分级管理，有利于行业管理部门突出管理重点，调控核心资源。

3. 岸线开发实行有序引导

建议下一阶段，根据港口总体规划，制定岸线开发实施方案，确定鼓励发展区、优化发展区和暂缓发展区。未来新建的码头项目及海洋产业，宜优先布局在本次规划确定的鼓励发展区域，以鼓励发展区为重点，优先发展区为补充，严格控制暂缓发展区的开发。贯彻有序推进、集中开发的原则，开发重点区域、重点岛屿，形成规模化的港航物流集中区及海洋产业集聚区，避免企业分岛而治、盲目开发，导致各岛屿功能趋同、布局零散。岸线开发引导有利于促进港口有序发展和优化发展，为宁波-舟山港的可持续发展，留有足够的资源条件和弹性空间。

港口岸线利用规划详见图 5-2。

图 5-2　港口岸线利用规划

第六章 港口空间布局规划

第一节　港口空间布局原则

（1）以宁波、舟山港口一体化为指导，优势互补、统筹规划，合理规划港口空间布局和主要货类运输系统布局。

（2）适应浙江海洋经济发展示范区和浙江舟山群岛新区发展形势，满足舟山群岛新区“四岛一城”和宁波国际港口城市建设要求，充分体现宁波-舟山港的性质和功能。

（3）开发与调整相结合，整合资源、优化布局、拓展功能，促进港口向规模化、集约化、现代化方向发展。

（4）开发与保护并重，注重港城协调，合理、有序利用港口资源，促进港口的可持续发展。

（5）陆海统筹、联动发展、突出重点，注重港口与产业协调发展，合理布局港口公共运输和海洋产业配套发展区。

（6）与城市总体规划、土地利用总体规划、流域综合规划、防洪规划、水土保持规划、水功能区划、海洋功能区划、综合交通规划、环境保护规划相衔接。

第二节　港口空间发展布局

一、港口发展格局演变

从港口空间布局来看，宁波–舟山港经历了从宁波一枝独秀，到宁波、舟山共同发展，从宁波向舟山逐步拓展的空间演变过程。宁波港口起源于甬江，带动了甬江两岸城市发展。随着20世纪70年代上海宝钢在北仑建设10万吨级矿石码头，北仑、镇海港区相继开发，港口空间布局由甬江口向南北两侧拓展，实现由江内迈向沿海的跨越。同期，舟山港口建设了老塘山深水通用泊位，服务岛屿物资运输，并相继建设了岙山原油码头、老塘山煤炭码头和马迹山矿石中转码头，开始了以水水中转为特色的港口运输，舟山港口大规模建设启动。

2000～2010年，是宁波–舟山港发展最快的时期。长江三角洲及长江沿线地区外向型经济快速发展，电力、石化、冶金等重化工业加快布局，大宗能源、原材料需求快速增长，依托自身资源优势，宁波–舟山港在长江三角洲地区集装箱运输、大宗散货海进江中转运输体系中的地位日益突出，大榭、册子、六横、舟山本岛及洋山、金塘等近岸岛屿岸线加快开发，大陆侧岸线在继北仑港区岸线开发利用之后，集装箱运输逐步向东侧穿山半岛拓展，进而带动了穿山港区的开发建设。2010年以来，为适应保税港区、综合保税区及工业园区的发展需要，启动了梅山港区和舟山本岛北侧港口岸线的利用。

宁波–舟山港大陆侧港口起于河港、兴于海港，以入海口为始点向东逐步拓展，带动沿线大陆及岛屿岸线的开发，最终绵延覆盖整个北仑穿山半岛。远期港口空间拓展将以穿山半岛为基础，继续向北侧杭州湾、慈东工业区，南侧象山、石浦拓展，实现由甬江至外海，再向南北拓展的空间演变格局。岛屿型港口起步于舟山本岛及周边小岛，逐步向主要大岛拓展并实现规模化发展，以大宗散货水水中转运输为主，将由依托外海岛屿独立分散布局为主，演变为区域岛群相对集中布局，逐步形成规模化的港航物流岛群。

港口空间格局演变如图6-1所示。

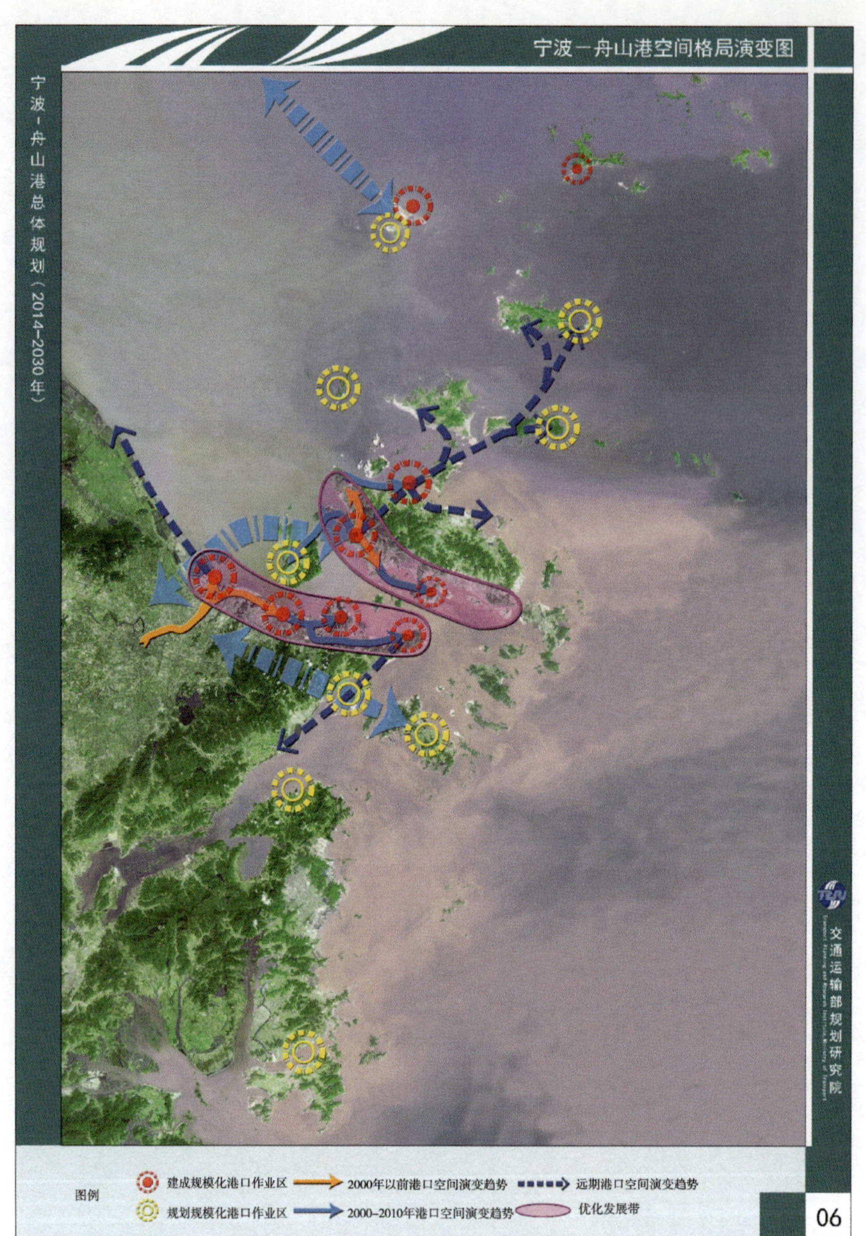

图 6-1 港口空间格局演变

二、港区调整及划分

宁波-舟山港北起马鞍列岛的花鸟山岛，南至石浦牛头山岛，西自杭州湾大桥，东达嵊山鳗鱼头岛。上一版规划形成十九个港区。其中，宁波市域港口包括：甬江、镇海、北仑、穿山、大榭、梅山、象山港、石浦等八个港区；舟山市域港口包括：定海、老塘山、马岙、金塘、沈家门、六横、高亭、衢山、泗礁、绿华山、洋山等十一个港区。

根据港口空间拓展和功能布局调整的需要，结合新的城市总体规划，本次规划对宁波-舟山港部分港区的范围及名称进行调整。

（一）港区合并

原泗礁港区、绿华山港区考虑到本身的资源条件、发展空间以及与城市主体功能区的协调性，合并为一个港区，结合城镇体系规划，更名为嵊泗港区，下辖马迹山、绿华山两个作业区。

（二）港区新增

新增白泉港区，从浪熹至梁横山，后方为舟山港综合保税区及经济开发区，分为浪西、北蝉和梁横三个作业区。浪西作业区主要服务舟山港综合保税区本岛分区，北蝉作业区服务于舟山经济开发区开发，梁横作业区是宁波-舟山港 LNG 码头及接收站的集中布点。

（三）范围调整

1. 穿山港区

在穿山半岛北部向东西两侧扩展，将原穿山港区划分为穿山中作业区和穿山东作业区，新增穿山西作业区。

2. 原老塘山港区

新增外钓作业区，并将原马岙港区的烟墩临港工业区调入港区，册子作业区扩至西堠门大桥北侧。港区范围扩大较大，涵盖舟山本岛西侧港口作业区，结合城镇体系规划，本次规划更名为岑港港区，下辖老塘山、野鸭山、外钓、册子四个作业区。

3. 原高亭港区

结合城市发展需要，取消原竹屿作业区，新增大长涂作业区、鱼山作业区、秀山作业区、仇家门作业区和西北侧海洋产业及配套码头区，港口空间拓展至岱山全县，结合城镇体系规划，更名为岱山港区。

4. 金塘港区

新增西堠作业区、北侧海洋产业及配套码头区、南部双礁段燃供及支持系统岸线，并将原规划的上岙、张家岙、小李岙三个集装箱作业区调整为预留港口作业区。

5. 马岙港区

除调出烟墩临港工业区外，原有港区范围向东西两侧拓展，划分为小沙、天后宫、干览三个作业区。

6．北仑港区

根据资源整合和结构调整的需要，将原西部作业区、西部企业专用码头作业区、中部作业区、东部作业区、穿山西口通用作业区整合为西部、中部、东部三个作业区。

7．六横港区

结合六横大桥的线位，对港区范围进行了适当调整，将聚源作业区北扩至东浪咀，并将佛渡、金钵盂、湖泥、东白莲、西白莲、虾峙等岛屿纳入港区范围。

8．甬江港区

结合甬江两岸城市开发，逐步取消甬江大桥至明州大桥间白沙等港口作业区，新增甬江下游作业区，位于明州大桥至招宝山大桥间。

9．梅山港区

结合《梅山港区总体规划》，对港区规划范围及方案进行了深化研究，纳入本次规划。

10. 衢山港区

将衢山岛南部岸线拓展为规模化港口作业区，结合中心渔港的调整，对蛇移门作业区陆域范围进行了调增。

11. 镇海港区

北边界拓展至宏远路，陆域扩展至海铁联运仓储区。

12. 象山港港区

象山港大桥以西维持现状，取消原未开发的港口规划，贤庠作业区适度扩大范围，是未来重点发展区域。

13. 定海港区

岙山作业区东扩至庙山，满足国家储备库建设需要。

14. 沈家门港区

新增朱家尖作业区，满足国际休闲旅游岛的发展需要。

总体而言，宁波-舟山港将在原有港区划分基础上，适当整合、拓展，合并泗礁、绿华山两个港区，新增白泉港区，结合港口发展层次布局，总体上呈“一港、四核、十九区”的空间格局。

一港：体现两港一体化发展思路及原则，即宁波-舟山港。

四核：宁波-舟山港资源丰富，为避免粗放发展、分散布局，宜从全港资源统筹规划角度，突出重点发展的核心区域，在空间上引导港口集中发展。规划将宁波-舟山港划分为四个核心发展区，分别为六横、梅山及穿山核心发展区，北仑、金塘、大榭及岑港核心发展区，白泉及岱山大长涂核心发展区，洋山及衢山核心发展区。

十九区：北仑港区、洋山港区、六横港区、衢山港区、穿山港区、金塘港区、大榭港区、岑港港区、梅山港区、镇海港区、嵊泗港区、马岙港区、岱山港区、白泉港区、甬江港区、象山港港区、石浦港区、定海港区、沈家门港区。

港口总体布局图详见图 6-2。

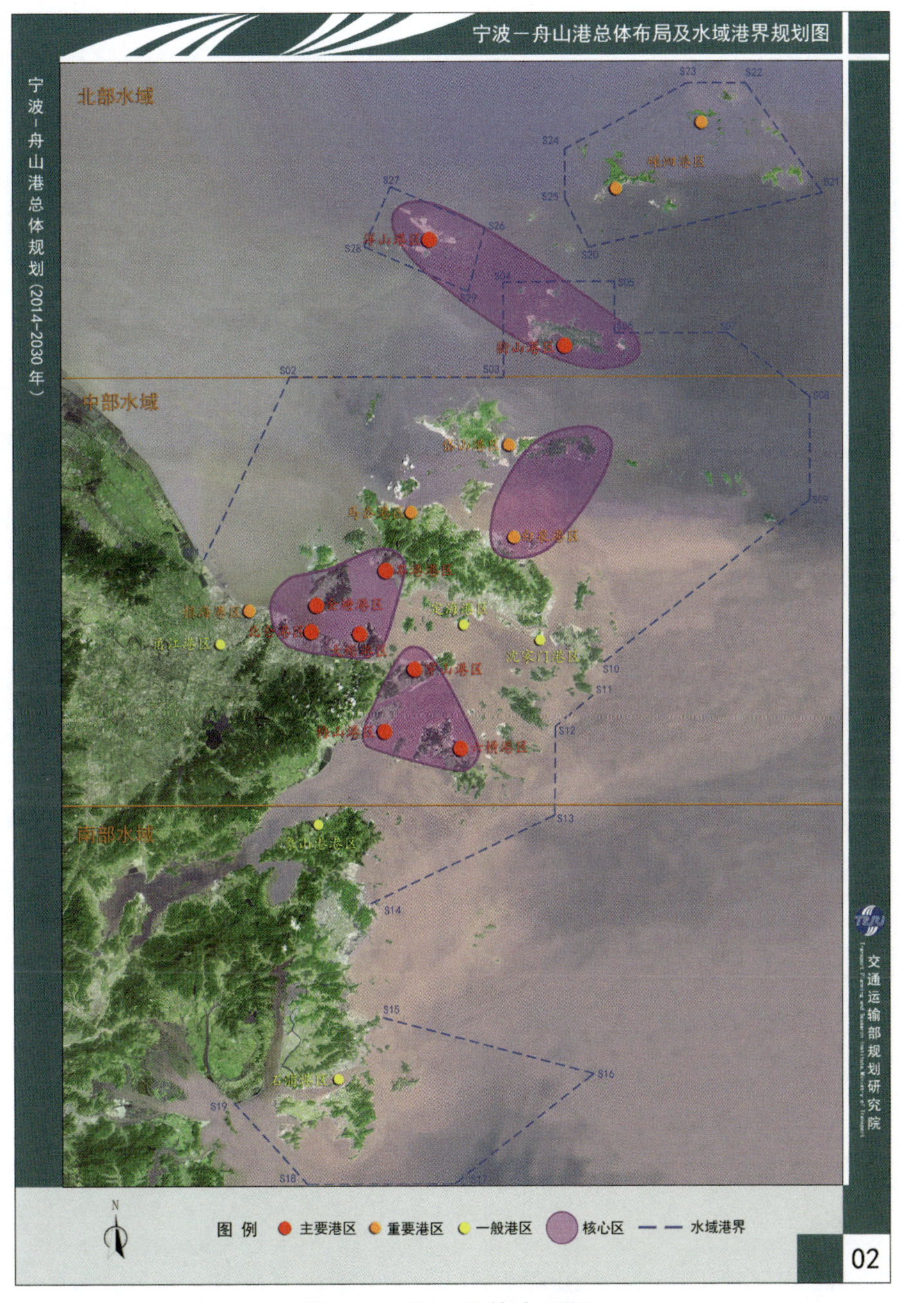

图 6-2　港口总体布局图

第三节 港口总体功能布局

一、城市空间结构和产业布局

1. 宁波市

《宁波市城市总体规划》确定了宁波以中心城为中心，二区、T 轴为主体的面向杭州湾的开放式空间布局结构。二区即以余姚南部四明山麓前沿至东钱湖、穿山半岛为分界线，形成北部都市区、南部生态发展区；T 轴为杭州湾南岸滨海线与沿海国道等交通干线构成的 T 字形发展带。

北仑穿山半岛汇集了宁波–舟山港北仑、穿山、梅山、大榭四个主要港区，是宁波建设国际港口城市，打造华东地区重要的先进制造业基地，发展现代物流中心和交通枢纽的重要区域。经过多年发展，中部区域已相对成熟，聚集了以冶金、石化为代表的重化工业滨海布局，但粗放式发展的资源环境条件已经消失，港口、城市及产业布局的空间协调是解决港城矛盾的关键，港口功能应结合城市及产业需要以及环境承载容量进行适当调整。西部沿甬江流域发展相对东部已较为成熟，但布局零乱，城市空间沿江拓展的趋势愈发明显，港口的传统货运功能面临搬迁和调整的压力。东部与中部、西部相比，产业规模小、层次低，随着港口空间的东向拓展，可以发展港航物流，承接老港区的功能调整，并吸引新兴海洋产业集聚发展。梅山滨海新城是北仑区城市空间拓展的重要方向，梅山港区是长江三角洲南翼港口国际物流中心和保税港区，东部片区的整体开发宜体现港城联动发展的思路，提升港城发展品质。

北仑穿山半岛产业布局规划图如图 6-3 所示。

2. 舟山市

《浙江舟山群岛新区（城市）总体规划》城镇体系规划中，对城镇等级结构进行了调整，规划形成“中心城市–副中心城镇–重点城镇–一般镇乡”的城镇等级结构。未来的港口发展主要集中在岱山、嵊泗两个副中心县城，六横、金塘两个副中心城镇，以及岑港、马岙、白泉、衢山、洋山五个重点城镇。港区规划的范围及名称宜适应城镇体系规划的调整，与新区城市总体规划相一致。

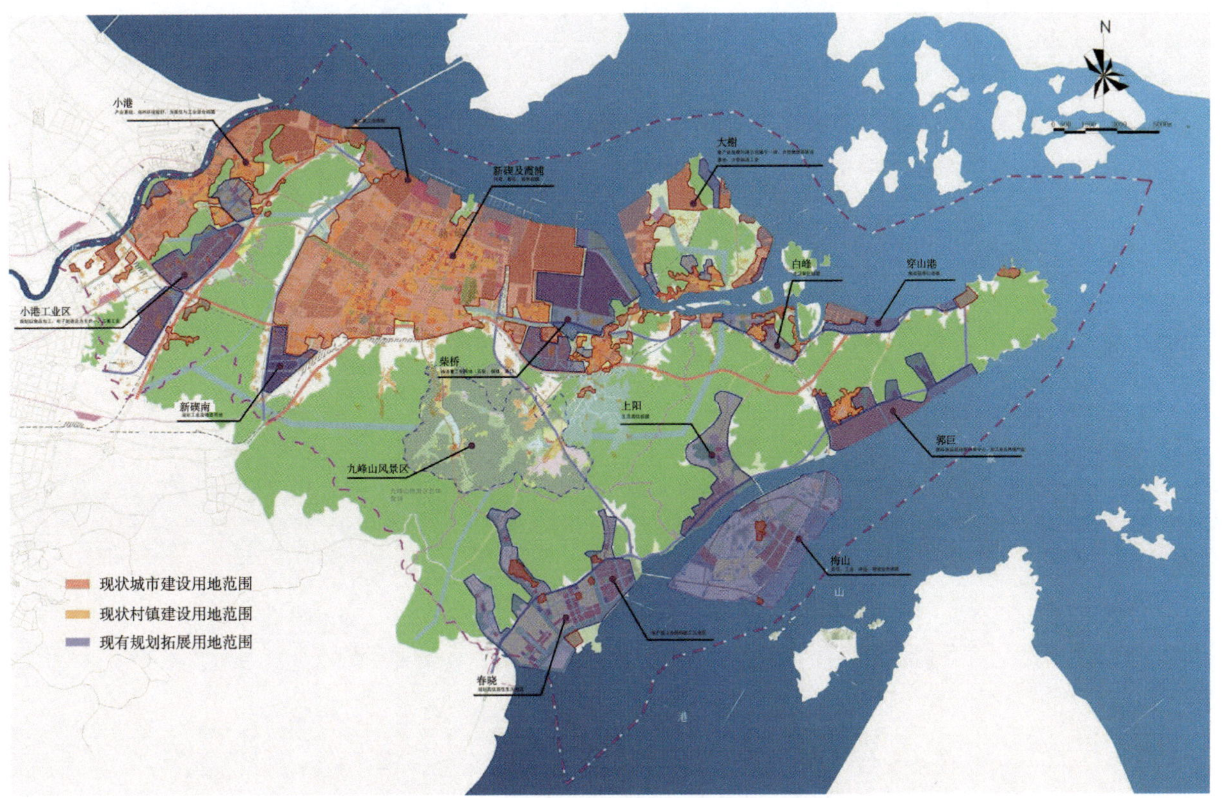

图 6-3 北仑穿山半岛产业布局规划图

舟山群岛新区的战略定位为：国际物流枢纽岛、对外开放门户岛、海洋产业集聚岛、国际生态休闲岛、海上花园城。未来将形成“一体一圈五岛群”的总体功能布局。（图 6-4、图 6-5）“一体”是指舟山本岛及联动开发的南部诸岛，是舟山群岛新区开发开放的主体区域，重点构筑“南生活、中生态、北生产”三带协调、功能清晰的发展格局。“一圈”指港航物流核心圈，包括岱山岛、衢山岛、大小洋山、大小鱼山岛和大长涂岛，是建设大宗商品储运中专加工交易中心的核心区域。“五岛群”分别指普陀国际旅游岛群、六横临港产业岛群、金塘港航物流岛群、嵊泗渔业和旅游岛群、重点海洋生态岛群。

根据“四岛一城”的城市空间结构规划，舟山本岛南部及南部诸岛将成为海上花园城的主体，原有老港区的码头货运功能及修造船厂将结合城市发展的需要，逐步调整功能和搬迁，北部将形成港口及产业连绵发展区。朱家尖区域宜结合普陀国际旅游岛群的发展需要，配套建设邮轮、游艇及客运码头，并控制临港工业及货运码头发展规模。金塘、六横重点发展港航物流和临港产业，宜作为港口和临港产业的引导发展区，实现规模化发展。

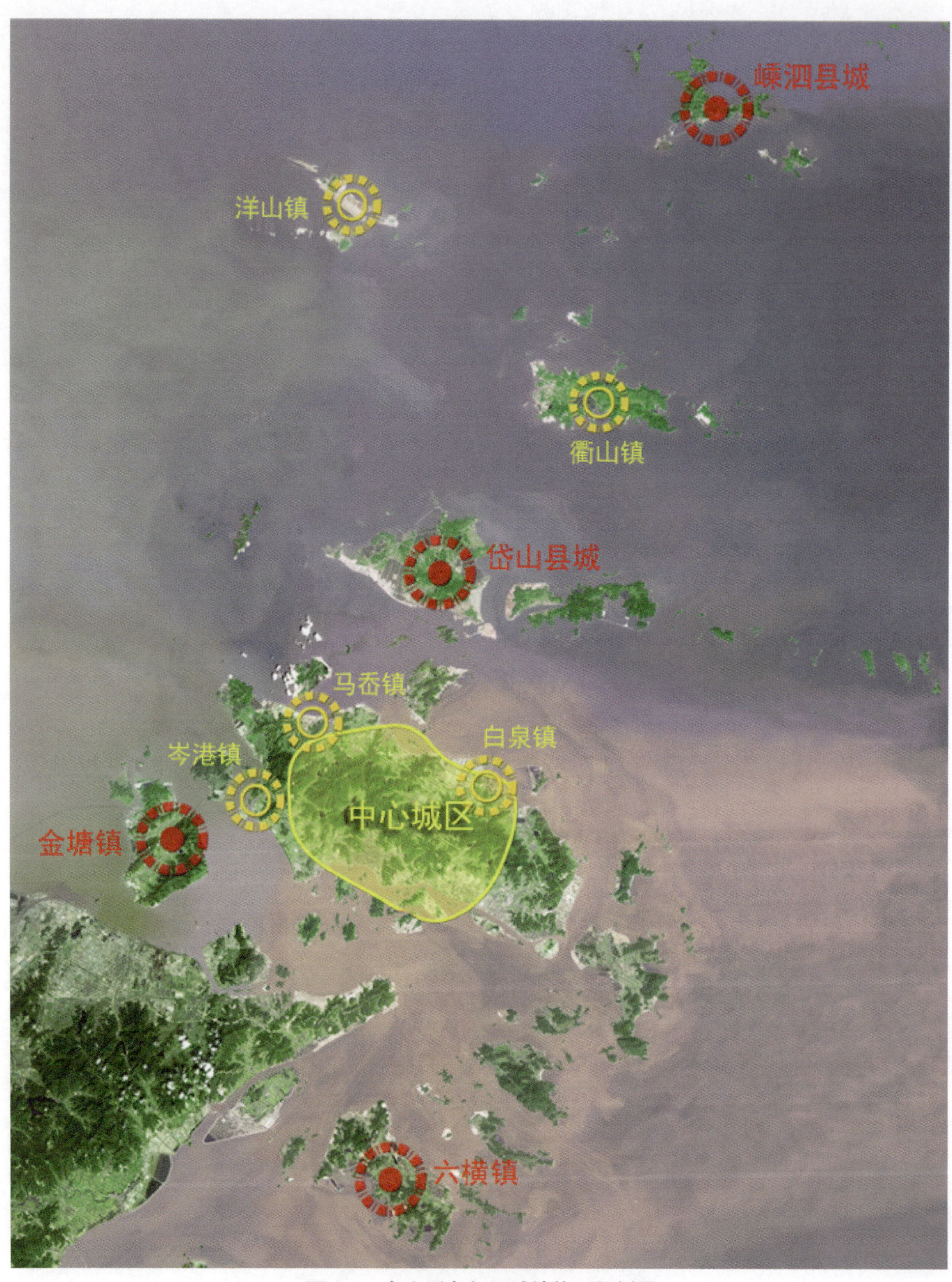

图 6-4　舟山群岛新区城镇体系规划图

图 6-5　舟山群岛新区总体功能布局图

港航物流核心圈内的大小洋山、衢山、岱山、大长涂、鱼山等岛屿，宜发挥深水资源优势，建设专业化泊位，满足国际物流枢纽岛的建设需要。绿华山和泗礁处于重点海洋生态岛群及渔业和旅游岛群，港口的发展空间受到制约。

二、港口功能布局规划

港口的功能宜结合城市空间结构和产业布局规划进行科学布局，在功能布局上，结合港口的资源条件，主要体现为综合运输枢纽、海洋产业配套、城市生产生活配套、港航物流服务配套四个方面。

1. 综合运输枢纽

以大型专业化码头为代表的港口公共运输服务，是港口货物运输、现代物流服务、保税及贸易功能的主要载体。综合运输枢纽集中布局在北仑穿山半岛的北部、梅山岛南部、金塘岛南部、小洋山南部、六横岛东部、舟山本岛西部和东北部、大长涂南部、衢山岛南部及鼠浪湖等区域。分货类专业化码头布局见主要运输系统布局。

北仑穿山半岛拥有宁波-舟山港海域最为优良的深水岸线资源，后方可供规模化整体开发的陆域资源较为丰富，利用区位优势和先发优势，率先建成了一批全国领先的集装箱、原油专业化泊位，在长江三角洲综合运输体系中，占用重要地位。

金塘、小洋山、梅山、六横是距离大陆侧的宁波、上海最近的岛屿，宁波-舟山港的资源特点和现有的箱源组织结构，使集装箱运输高度依赖于陆向集疏运通道的建设。上述四岛通过东海大桥、舟山金塘大桥和规划中的六横大桥，分别连接上海与宁波，从运输经济性和空间布局的合理性角度，具备发展集装箱运输的良好前景。其中，舟山金塘大桥标准为双向四车道，已建成金塘港区大浦口集装箱一期工程，规划新建金塘第二通道，标准为双向四至六车道。东海大桥为双向六车道，通过一到三期的建设，洋山深水港区已形成规模，成为外贸集装箱班轮的主靠港，目前东海二桥方案正在研究论证中。规划六横大桥连接六横、佛渡和梅山，将促进梅山保税港区和六横港区集装箱运输的规模化发展。

舟山本岛西部、中部马岙、东部梁横山、大长涂南部、衢山岛南部及鼠浪湖，岸线资源条件优良，满足大宗商品设施布局需要的水深条件好、陆域平整、贴近主航道等核心要素，同时考虑环保、安全等要求，危险品等大宗商品布局尽可能相对独立封闭。上述等岛屿的适应性好，适宜作为煤炭、外贸铁矿石、原油及燃料油等大宗商品港航物流设施布点，为建设“国际物流枢纽岛”提供重要基础设施支撑。

2. 海洋产业配套

为海洋产业的原材料及产成品提供运输服务，降低社会物流成本，是港口物流的重要内容，也是港口发挥海洋产业集聚功能的主要体现。海洋产业包括以冶金、石化、电力为代表的重化工业，以海洋装备制造业、临港加工业为代表的海洋战略性新兴产业和以船舶工业为代表的临港先进制造业三类。海洋产业集中布局在镇海、北仑、大榭、六横南部和北部、象山湾口东、舟山本岛北部、金塘北部、岱山南部等区域。

重化工业具有高耗水、高耗能的特点，发展以重化工业为主的临港工业是各国在工业化中期实现产业升级、加速工业化的主要手段之一。镇海、北仑、大榭由于岸线和土地资源优越，依托条件好，易于整体开发，在沿海港口中率先吸引了以镇海炼化、宁波钢厂、北仑电厂为代表的一批临港重化工业沿海布局，促进了腹地经济结构调整和产业结构升级。

海洋战略性新兴产业的选址较重化工业和公共运输要灵活，具备一定陆域纵深和水深条件的岸线资源均可作为适宜选址，进行开发建设，易于形成规模化的临港加工区及物流园区，并应结合产业布局和区域经济发展需要合理布置。六横西南、舟山本岛北、衢山南、象山北、金塘北、鱼山具有规模化发展战略新兴产业的优势，宜加以引导，促进规模化、集约化开发，发展以海洋装备制造业、清洁能源产业、海水淡化、海洋生物医药产业、深水远程补给、海洋勘探开发业、绿色石化为代表的海洋战略性新兴产业。

临港先进制造业是宁波-舟山港的传统优势产业，主要分布在六横、虾峙、小干-马峙岛、盘峙及周边岛屿、舟山本岛西北部及东北部、秀山岛、长白岛、岱山岛西南、小长涂等岛屿，布局相对零散，规模化、集约化程度较低。规划形成六横岛北部、舟山本岛西北部、岱山西南部以及长白、秀山、小长涂六大区块船舶制造业基地，集中发展修造船、高端特种船舶为代表的临港先进制造业。在上述区域饱和前，原则上不新增布点，并鼓励对现有修造船岸线进行整合，引导新建项目向六大区块集中发展，并提高岸线资源利用率。

3. 城市生产生活配套

以甬江、定海、沈家门、象山港、石浦为主，提升现代化港口的旅客出行和旅游服务能力，体现港口服务城市、服务本地经济的传统优势。

甬江港区是宁波港口的发端，在经历过历史繁荣后，伴随着船舶大型化和深水化，其货运功能正在逐步弱化，需要结合城市发展需要，逐步进行功能调整，实现优化发展。定海和沈家门港区在新一轮城市总体规划中，纳入中心城区的范围，现有的码头货运功能及污染性产业将结合城市发展的要求，逐步进行功能调整和搬迁，增强城市客运及休闲旅游功能。

象山湾及石浦港区虽然是宁波港口的后备资源，但由于资源条件、环保及军事条件限制，短期内难以实现整体规模化开发，仅在象山湾大桥外的个别作业区可实现对宁波港口未来功能的承接转移，其余港区更多服务于本地的生活旅游、对台小额经贸、渔业产品加工、临港装备制造等生活及产业发展需要，港区功能定位和发展规模有限，以产业发展为优先考虑，对宁波港的综合运输功能承接有限。

4. 港航物流服务配套

保税仓储、口岸、金融、信息服务、生产生活等设配套施，是现代航运服务和港口航运配套服务的重要内容。规划在北仑、梅山、舟山本岛、洋山，利用保税区、保税港区、综合保税区、自由贸易试验区的政策优势，集中配套建设港航物流服务区，集中布局航运服务、物流商贸、金融、信息等配套设施，形成区域性航运配套服务中心。

5. 陆岛交通及旅游客运

按照“大岛建、小岛迁、陆岛连”的原则，加快实施水上康庄工程，在满足5000人及以上岛屿通车渡、3000人及以上岛屿配备第二码头、乡建制岛屿通班轮基础上，通过改建、扩建和新建，逐步提升陆岛交通码头等级，实现500人及以上岛屿陆岛交通码头全覆盖，支持300人及以上岛屿陆岛交通码头建设。规划陆岛交通运输枢纽主要集中布局在舟山南部诸岛、北部嵊泗和岱山等岛屿。结合城市规划，配套建设与城市休闲旅游功能相适应的游艇等旅游客运码头。

宁波–舟山港港口主体功能布局见图6-6。

图 6-6　宁波-舟山港港口主体功能布局图

三、主要运输系统布局

1. 煤炭运输系统

煤炭运输系统以直达运输为主，兼顾为温台（温州、台州）地区及长江沿线中转运输服务中转。公共煤炭运输码头集中布局在镇海港区、穿山港区、六横岛和衢山鼠浪湖岛，在镇海港区、穿山港区积极发展铁海联运。

2. 油品运输系统

原油及燃料油运输系统以服务外贸进口为主，通过管线、水运为长江三角洲及长江沿线地区石化企业提供中转服务，兼顾其他地区贸易中转需求。在北仑、大榭、册子、岙山、外钓、大长涂、衢山、黄泽山等港区集中布局大型专业化原油及燃料油接卸码头。此外，在大长涂、马岙、北仑、大榭、六横等港区集中布局成品油、液体化工品码头。大小鱼山成品油、液体化工品码头布点，下阶段结合绿色石化产业布局，专题论证开发方案。

3. 铁矿石运输系统

铁矿石运输系统以接卸外贸进口铁矿石，主要为长江三角洲及长江沿线地区冶金企业中转运输服务，兼顾其他地区贸易中转需求。在北仑、穿山、六横凉潭、衢山鼠浪湖和嵊泗马迹山等岛屿及绿华山锚地集中布局外贸进口铁矿石接卸泊位。

4. 集装箱运输系统

集装箱运输系统以远、近洋航线为主，同时开辟内支线及内贸航线。在北仑、穿山、大榭、梅山、金塘、六横、洋山等港区集中布局集装箱专业化码头。

公路集疏运是集装箱运输的主体，规划以北仑、穿山、大榭、梅山、金塘、六横、洋山等港区为主，依托甬舟高速、东海大桥及规划的六横大桥，集中布局集装箱专业化码头，并预留大洋山以北集装箱运输布点。

洋山、梅山港区依托自由贸易区和保税港区优势，适宜开展外贸集装箱水水中转，逐步提高国际中转水平。北仑、穿山、洋山港区后方已建铁路集装箱中心站，可依托铁路支线，积极开展集装箱五定班列，促进海铁联运的发展。

北仑、大榭、穿山、小洋山集装箱码头作业区已成规模，拓展空间有限，未来将以资源整合和优化发展为主。梅山、金塘、六横是宁波-舟山港未来集装箱发展的核心资源，应注重集约开发，实现规模化发展。此外，在舟山综合保税区本岛分区布点多用途码头，远期视其发展规模，调整为集装箱专业化泊位。

5. LNG 码头及接收站

LNG 码头及接收站集中在穿山、白泉、洋山港区布局。

结合 LNG 管网建设，以穿山港区、洋山港区为主，集中布点 LNG 码头及管道运输设施，因两个港区分别处于宁波-舟山港中部核心水域和上海国际航运中心集装箱航线密集区，现有 LNG 码头的扩建及规模提升，应充分考虑对规划港区码头生产运营及通航安全的影响。

以新规划的白泉港区为主，集中布置 LNG 码头接收站及水水中转设施。

6. 粮食运输及邮轮

粮食运输系统以外贸进口本地接卸为主，规划以岑港港区老塘山作业区为主，集中布局外贸进口散粮接卸码头及仓储设施，满足临港粮油加工企业生产需求，并积极开展国际粮油加工贸易服务。此外，北仑港区及甬江港区的粮油码头及储备设施近期维持现有功能，远期根据需要可进行功能调整。

邮轮码头布点于沈家门港区朱家尖作业区，北仑港区北仑山多用途码头兼顾邮轮客运功能。

宁波–舟山港主要货类运输系统布局详见图 6-7 ～图 6-9。

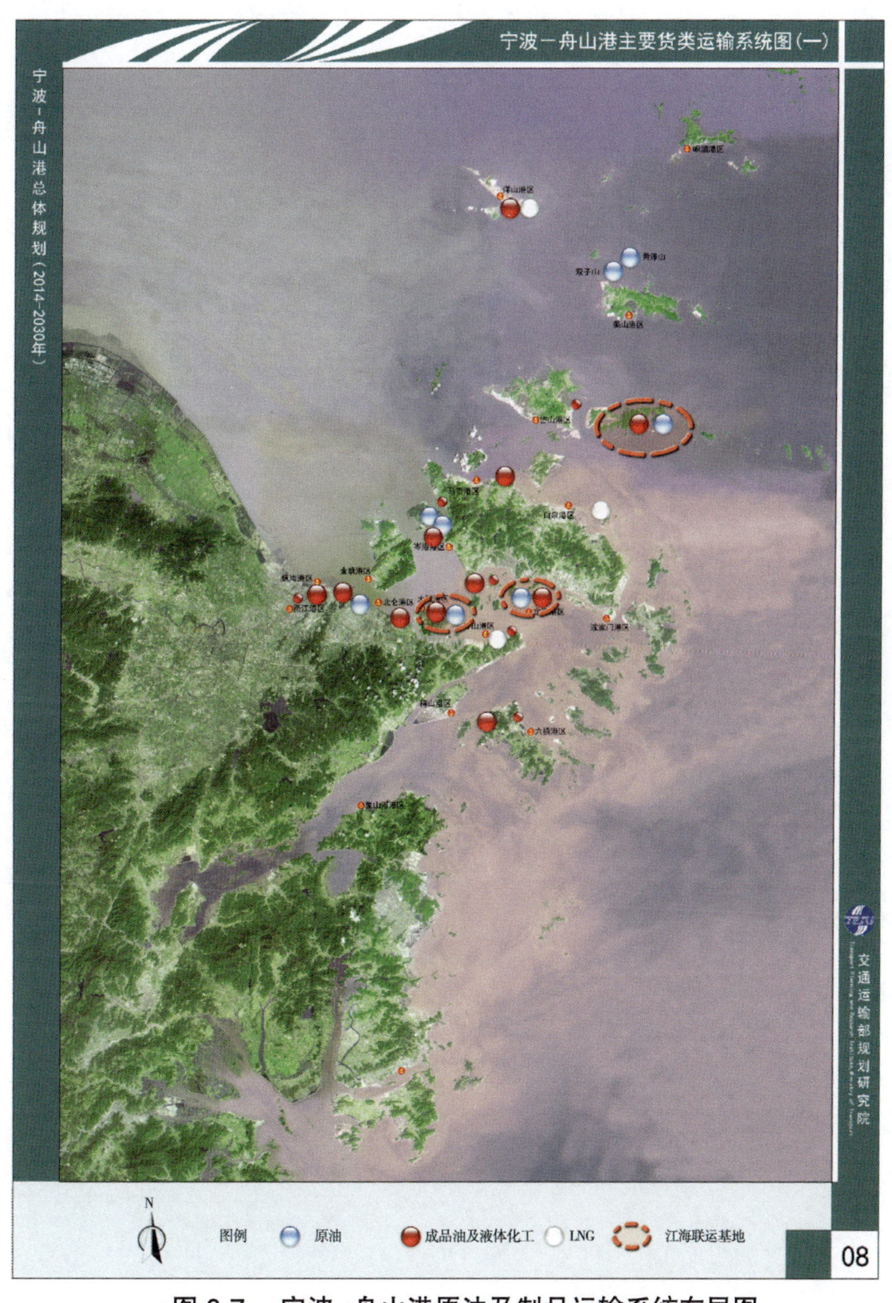

图 6-7 宁波–舟山港原油及制品运输系统布局图

图 6-8　宁波-舟山港煤炭、矿石、粮食运输系统布局图

图 6-9 集装箱和邮轮运输系统布局图

四、江海联运服务中心

长江三角洲及长江沿线的油品、矿石、煤炭等战略物资主要通过宁波-舟山港中转，建设完善舟山江海联运服务中心，进一步打造全国重要的铁矿砂中转贸易、煤炭中转加工配送、油品中转贸易储存、集装箱中转运输等一批基地，将大幅提高我国战略物资储备保障能力和商业交易能力，确保长江经济带重要战略物资安全供应和贸易出口畅通，为国民经济持续平稳、健康发展提供重要支撑。

根据长江经济带和"一带一路"国家战略发展要求，积极打造国际物流枢纽港，提高战略物资储备能力，拓展大宗商品交易功能，壮大江海联运船队，完善综合交通运输网络，发展现代海事服务业，发挥宁波-舟山港的区位、港口资源等优势，突出储备、交易、联运等服务功能，形成以大宗商品储运加工贸易基地和海事服务基地为核心的中国（舟山）江海联运服务中心，努力为长江经济带龙头打造"点睛之笔"，成为长江经济带和长三角发展的战略支点。

（一）江海联运发展现状

2013 年，由宁波-舟山港进出长江口的货物总量达 1.8 亿 t，2010 年以来年均增速 15%，增量 6300 万 t。主要是为长江沿线中转的外贸进口煤炭、原油、铁矿石等大宗货物，以及长江沿线地区运输至宁波-舟山港的水泥、矿建材料等。其中，煤炭、石油及制品、金属矿石、集装箱四大货类占江海联运总量的比例分别为 6.0%、8.2%、48.2% 和 1%。2010 年以来，煤炭占比上升 3%，石油、金属矿石分别下降了 7%、4%，矿建材料占比增加 12.9%。

由宁波-舟山港进出长江口的煤炭总量达 1000 万 t，较 2010 年增加 580 万 t，年均增速 43%，主要为长江沿线地区中转外贸进口煤炭。石油及制品总量为 1500 万 t（其中成品油 500 万 t），较 2010 年降低 390 万 t，主要为外贸进口原油、燃料油和海洋油水水中转以及国内成品油的运输。为长江沿线地区中转外贸进口铁矿石总量为 8800 万 t，较 2010 年增加 2600 万 t，年均增速 12.4%。集装箱总量为 13 万 TEU，主要用于上海和江苏沿江交流的内支线和内贸航线。

此外，宁波-舟山港完成海铁联运量为 1000 万 t，其中矿石 600 万 t，煤炭 300 万 t，其他货类 100 万 t，主要为宁波港为浙赣铁路线地区运输的货物。原油海管联运量为 3900 万 t，与 2010 年相比，增加 600 万 t，主要为长江沿线地区中转的外贸进口原油。

2013 年宁波–舟山港进出长江口货物量，见表 6-1。

2013 年宁波–舟山港进出长江口货物量　　表 6-1

省份	总计（万 t）	煤炭（万 t）	石油及制品（万 t）			金属矿石（万 t）	集装箱重量（万 TEU）	集装箱箱量（万 TEU）
				原油	成品油			
总计	17954	1011	1453	905	486	8730	12	120
上海	6543	188	449	256	181	1436	7	55
江苏	8115	683	911	627	234	5663	5	59
安徽	2606	80	22	16	6	1394	0	0
江西	73	15	0	0	0	18	0	0
湖北	268	39	0	0	0	213	0	0
湖南	15	0	8	6	2	7	0	0
重庆	7	7	0	0	0	0	0	0
四川	2	0	2	0	2	0	0	0
其他	325	1	61	1	61	0	0	6

（二）江海联运运输组织

1. 大宗干散货

目前，经宁波–舟山港中转至长江沿线的大宗干散货主要是外贸进口煤炭、铁矿石，主要运输组织方式如下：

（1）10 万 ~ 20 万吨级船舶在宁波–舟山港减载后进江至上海、南通、苏州等港，再通过二程内河船转运到长江沿线地区。

（2）20 万吨级及以上船舶在宁波–舟山港完全卸船后，通过 5 万吨级及以下二程海船运往南京以下沿江港口，再通过三程内河船舶直接运往沿江港口。

（3）20 万吨级及以上船舶在宁波–舟山港完全卸船后，通过 5000 ~ 2 万吨级江海直达运输船舶运至长江沿线南京以上安徽、湖北等沿江港口。

2. 油品

经宁波–舟山港接卸的原油除本地消耗外，主要通过海管联运调往长江沿线石化企业，部分高凝点原油和海洋油通过水水中转方式中转至南京港。成品油运输主要为宁波–舟山港与长江沿线地区交流的贸易油，运输船型主要为万吨级及以下船型。

3. 集装箱

集装箱江海联运主要依托宁波-舟山港与上海港、江苏沿江交流的内支线和内贸航线组织运输，采用200 ~ 700TEU船型。

（三）服务江海联运的港区布局

宁波-舟山港江海联运码头主要分布在北仑、洋山、穿山、大榭、嵊泗、六横等港区。2013年底，已建四大货类一程接卸码头55个，总吞吐能力2.5亿t、2415万TEU，可以满足江海联运的需要。其中，煤炭码头9个，吞吐能力4450万t；原油码头9个，吞吐能力1.3亿t；矿石码头6个，吞吐能力8000万t；集装箱码头31个，吞吐能力2415万TEU。

（四）江海联运服务中心功能定位

江海联运服务中心定位：服务长江经济带发展需要，以大宗散货中转运输为核心，兼顾集装箱江海联运，大力打造大宗商品储运中转加工交易中心，提高国家能源安全保障能力，提升贸易现代化水平和航运服务业发展层次。

大宗商品储运中转加工交易中心。依托港口资源优势，近期以发展矿石、煤炭等大宗商品保税、中转、储运、配送功能为主，积极构建大宗散货交易平台，逐步拓展加工、贸易等现代化功能以及国际性油品仓储、贸易、加工等业务领域。

能源物资储运基地。根据长江流域经济、社会发展需要，在宁波-舟山港统筹规划建设重要能源物资储运基地，完善配套设施，提高中转储运能力。结合海洋油气资源开发，规划建设配套服务设施，提供储运、加工等服务，提高国家能源安全保障能力。

国际船舶服务基地。在宁波及舟山群岛新区布局航运服务集聚区，大力发展船舶交易、船舶代理、船舶管理、船舶供应、船舶修造及船员服务等基础航运服务业，积极培育航运金融、信息服务、法律仲裁、咨询研究等高端航运服务业，形成规模化、现代化、多功能的航运要素集聚载体。

（五）江海联运服务中心发展重点

1. 江海联运基地空间布局

（1）强化铁矿石储运中转能力。依托衢山鼠浪湖、嵊泗马迹山可靠泊40万吨级超大型船舶及陆域相对丰富的资源优势、保税港区的政策优势和靠近长江口的区位优势，积极拓展现代物流功能，申报铁矿石保税堆场，提升宁波-舟山港铁矿石保税储运能力，争取建立平抑铁矿石价格的国家战略储备基地，打造长江沿线钢铁产业供应链。

（2）提升原油战略储备规模。依托大榭、岙山、岱山大长涂作业区，整合舟山现有码头和储罐资源，扩大商业储备规模，促进国家战略储备与商业战略储备结合，积极发展江海联运储运基地。其余原油布点以管输为主。

（3）扩大煤炭储运中转能力。依托六横聚源作业区、穿山东部作业区、衢山蛇移门作业区提升煤炭中转运输功能，拓展外贸进口煤炭海进江业务，优化煤炭综合物流体系，为长江沿线中转外贸进口煤炭。

（4）完善集装箱江海联运体系。依托小洋山北侧岸线，结合围填海工程，专题论证集装箱水水中转码头布置方案，完善长三角集装箱江海联运物流体系。

2. 现代航运服务功能布局

积极拓展大宗商品交易中心、现代物流功能和基础航运服务功能，提升港口作为江海联运物流枢纽的地位。依托舟山港综合保税区、宁波大宗商品交易所，培育、引进大宗商品国际运营商、贸易商，以大宗商品交易平台为核心，发展铁矿石、煤炭、油品等大宗商品交易。争取设立铁矿石分销中心，促进铁矿石交易、交割；先行先试，争取国家有条件放开油品、煤炭等大宗商品进口贸易管理以及服务资质限制。积极拓展国际交易业务，打造进出口商品集散中心。推进“海外仓”物流配送、二手船舶保税交易、成套设备（配件）等交易平台建设。建立大宗商品跨境贸易电子商务平台，加快集聚跨境电商、物流配送和金融支付等企业，集聚优势航运要素，提升港口发展水平，拓展港口航运服务功能。

第四节　港区发展层次布局

一、发展层次分析

宁波-舟山港发展时序长、空间跨度大，十九个港区在发展水平、资源禀赋、地位作用等方面体现出发展层次的差异性。本次规划通过层次分析法对港区的层次做进一步的划分。

1. 发展基础

2014年，宁波-舟山港吞吐量超过1亿t的有北仑、穿山、洋山三个港区，单就吞吐量而言，这三个港区已分别跻身沿海规模化港口的第21位、第24位和第25位，是目前宁波-舟山港的综合运输核心港区。吞吐量在5000万t～1亿t的有穿山、大榭、定海、嵊泗等四个港区，是支撑宁波-舟山港吞吐量快速增长的主体港区。吞吐量在1000万～5000万t的有甬江、镇海、象山港、六横、沈家门、岑港、马岙、衢山等八个港区，这些港区所占比例、体量逐步下降，个别港区刚刚起步开发，尚有较大发展空间；其余五个港区或处于起步阶段，或发展空间受限，完成货物吞吐量不足1000万t，在目前宁波-舟山港吞吐量中仅起到补充的作用。

对港口发展基础进行结构分析，可以准确把握现有港区的发展阶段，筛分出具有良好基础设施和服务水平，具备优先向更高层次发展的重点港区。

宁波-舟山港各港区发展基础结构如图6-10所示。

2. 发展空间

宁波-舟山港发展基础的差异，仅仅表征了该港目前的港口发展重点及取得的成就，具有一定的历史局限性。需要结合新一轮港口规划，对港口的发展空间、资源总量进行深入的分析，准确判断未来各港区的发展趋势及前景，为综合评判港区的层次提供客观依据。

决定港区资源容量的关键指标，包括岸线、陆域，以及综合测算的码头合理通过能力，关键指标也反映了港区在规划实施后所具备的核心竞争力。因海洋产业配套码头能力具有不确定性，故关键指标不在测算口径内。

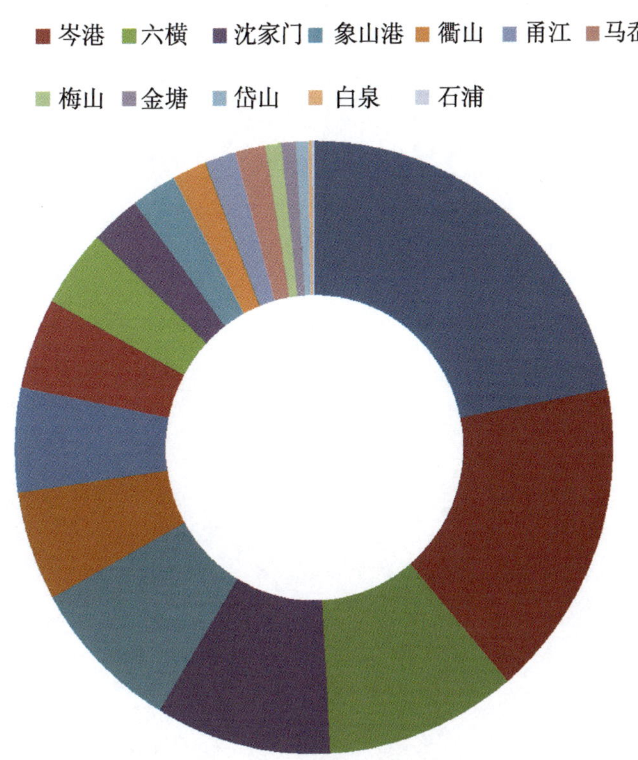

图 6-10 港区发展基础结构分析图

通过关键指标的测算，梅山、穿山、岑港、六横、金塘、衢山凭借尚未开发的优良岸线资源，港区资源容量得到极大提升，还有北仑、洋山、大榭、嵊泗港区，它们的资源容量均超过8000万t，构成了未来宁波-舟山港的发展主体，港区地位具有进一步提升的可能。岱山、马岙、白泉港区虽有较大拓展空间，但受岸线资源条件及功能影响，资源总量相对主体港区仍有较大差距。甬江、沈家门、定海等港区，随着城市空间拓展的需要，港口货运功能将逐步调整，以更好地适应城市化发展的需要。镇海、象山港、石浦港区受环境保护、海洋功能区划、通航条件等因素制约，资源总量提升有限。

3. 发展环境

自由贸易试验区、综合保税区和保税港区，对于港口拓展服务功能，提升发展水平，促进港口贸易加工、现代物流均具有十分重要的意义。目前，国家已先后批复了梅山保税港区、舟山港综合保税区（白泉港区、衢山港区）和中国（上海）自由贸易试验区（洋山港区），为相应港区的发展提供了良好的政策环境。此外，从区位及资源条件评估，随着跨海通道的建设，金塘、六横两个港区可作为未来宁波-舟山港一体化开发的重要载体，申请国家先行先试的政策，具有良好的发展愿景。

宁波-舟山港发展环境分析图如图 6-11 所示。

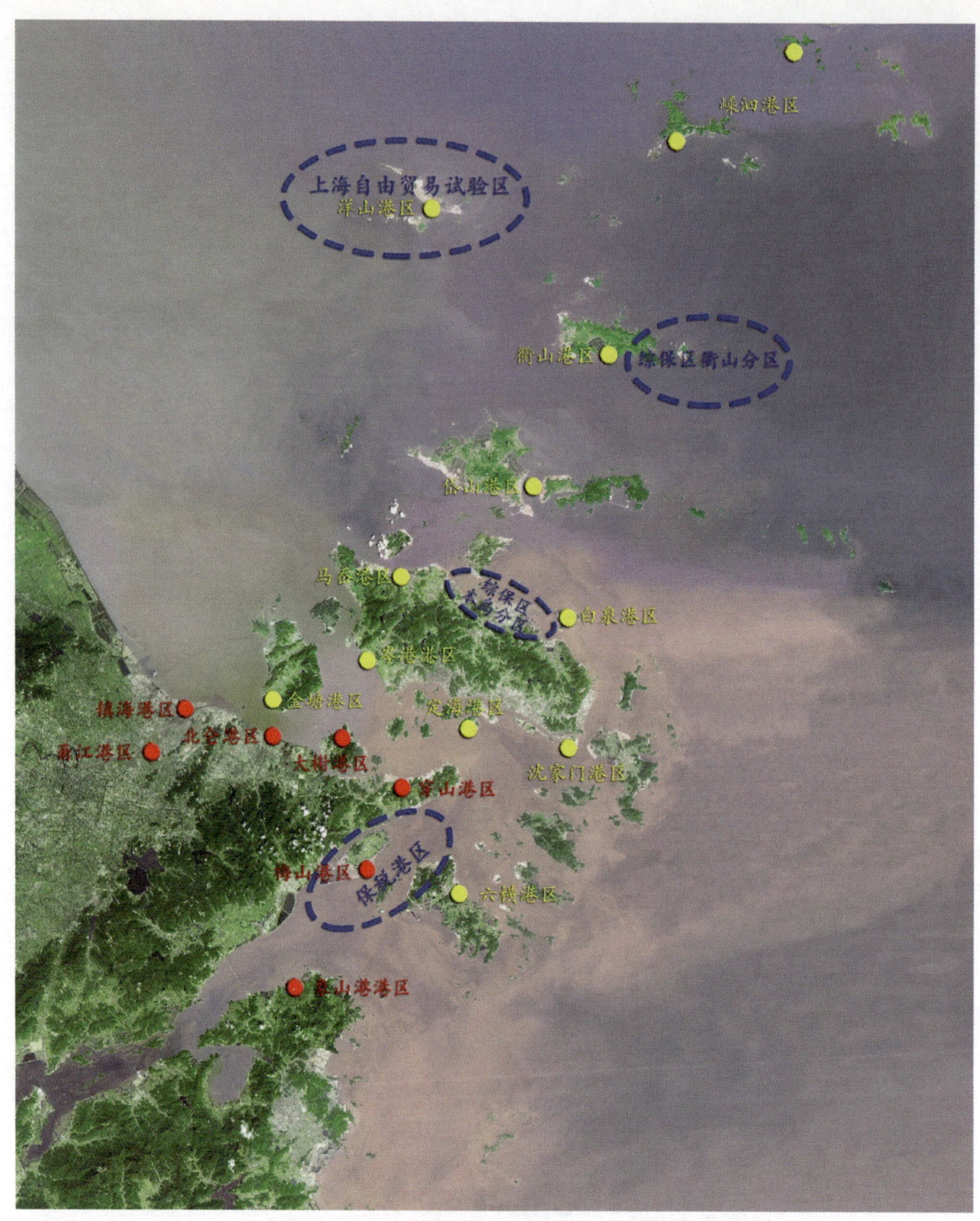

图 6-11　宁波–舟山港发展环境分析图

4. 各港区在主要货类运输系统中的地位

宁波–舟山港各港区发展空间反映了各港区远期可能达到的资源总量，但条件相近的港区之间，因内部资源条件构成的不同，也会影响其在宁波–舟山港中的地位。对交通运输部及各级港口行政管理部门而言，用于布置煤炭、原油、铁矿石、集装箱、LNG 及邮轮等主要货类专业化码头的优良深水岸线资源，关系整个综合运输体系的长远规划，对国民经济的持续、健康发展具有重要的战略意义。因此，有必要依据港口规划，建立客观的评价指标，对各港区在主要货类运输系统中的地位进行评价。该评价指标作为港口分层次布局的重要技术指标。

各港区主要货类运输系统结构分析图如图 6-12 所示。

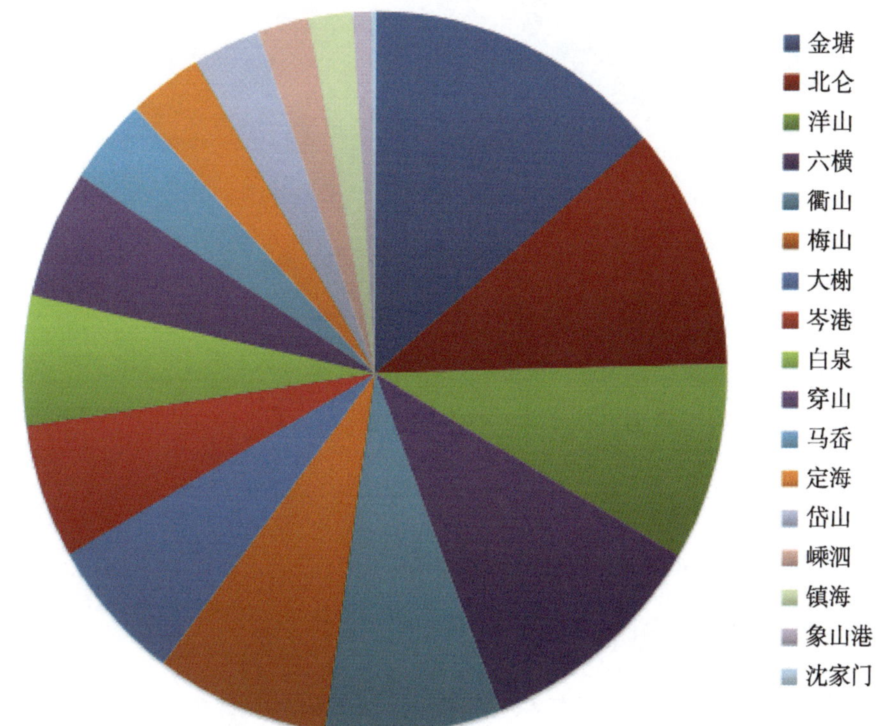

图 6-12　各港区主要货类运输系统结构分析图

5. 港区层次划分

以港口发展基础、发展空间、运输地位和发展环境四个方面为主要评价指标，对宁波-舟山港十九个港区地位进行层次分析。根据指标体系的测算结果，将宁波-舟山港十九个港区划分为主要港区、重要港区、一般港区三个层次。

（1）主要港区：资源容量大、区位条件好、发展层次高、约束条件小的港区。主要港区在综合运输体系中占有重要地位，是宁波-舟山港未来发展的主体，建议在公共基础设施配套、政策、资金等方面予以重点支持。本次规划北仑、洋山、六横、衢山、穿山、金塘、大榭、岑港、梅山等九个港区为主要港区。

（2）重要港区：具有一定的发展基础，但发展空间有限的综合运输港区，及以海洋产业规模化集聚发展为主导功能的产业配套港区。重要港区主要体现港口对地方经济发展的促进作用，在综合运输体系中的地位弱于主要港区。本次规划嵊泗、岱山、镇海、白泉、马岙等五个港区为重要港区。

（3）一般港区：资源容量小、约束条件强，除个别作业区外，港口的货物运输功能将随着城市空间的拓展，逐步调整为旅游、休闲、客运等城市生活配套功能，不是未来宁波-舟山港的发展重点。本次规划定海、石浦、象山港、甬江、沈家门等五个港区为一般港区。

二、港区功能定位

（一）主要港区

1. 北仑港区

以集装箱、大宗干散货、原油、成品油及液体化工品、粮食和杂货运输为主，兼顾邮轮客运，是宁波-舟山港的主要港区。

2. 洋山港区

以集装箱干线运输为主，兼顾液化天然气和成品油运输，具备保税、物流、加工贸易等综合服务功能，是宁波-舟山港的主要港区。

小洋山是中国（上海）自由贸易试验区的核心功能区，重点发展集装箱运输、保税、物流、加工贸易及相关的综合服务功能，兼顾 LNG 及油品运输。大洋山初步发展方向为集装箱运输、港口物流及海洋产业配套服务。

3. 六横港区

以集装箱、铁矿石、煤炭为主，兼顾液体散货运输和临港产业发展，是宁波-舟山港的主要港区。

双塘作业区主要发展集装箱运输；聚源作业区以煤炭公共运输为主，满足区域煤炭物流运输需求；东浪咀作业区主要发展修造船产业；涨起作业区主要发展液体散货运输；凉潭作业区主要发展矿石中转运输服务；六横西南作业区发展临港海洋产业；虾峙作业区以海洋产业发展为主，兼顾港航物流服务。

4. 衢山港区

以铁矿石中转运输和原油储运为主，兼顾成品油及液体化工品运输，发展保税仓储和临港产业功能，是宁波-舟山港的主要港区。

鼠浪湖作业区以矿石保税中转服务为主，兼顾煤炭保税、船舶供油等功能；蛇移门作业区以发展大宗干散货运输为主，兼顾发展大宗散货仓储加工贸易等功能；胡琴岙作业区作为大宗散货运输的后备资源保障，兼顾发展海洋产业配套服务；泥螺山和小黄沙作业区发展规模化的海洋产业及配套运输服务；黄泽作业区的黄泽山主要发展液体散货和大宗干散货运输，小衢山、双子山岛预留发展大宗干散货或液体散货运输。

5．穿山港区

以集装箱、大宗散货运输为主，兼顾液化天然气、成品油及液体化工品运输，是宁波-舟山港的主要港区。

穿山西作业区以海洋产业配套、仓储物流为主，兼顾河海联运。穿山中作业区以集装箱、大宗散货运输为主，兼顾 LNG、通用散货及中小油品运输功能。

6．金塘港区

以集装箱运输为主，兼顾临港产业发展，是宁波-舟山港的主要港区。

7．大榭港区

以集装箱、原油、成品油及液体化工品运输为主，兼顾临港产业发展，是宁波-舟山港的主要港区。

8．岑港港区

以原油、成品油及液体化工品和粮食、木材等散货、杂货运输为主，发展原油储运、船舶燃供等功能，是宁波-舟山港的主要港区。

老塘山作业区以粮油运输为主，打造规模化国际粮油集散中心；册子作业区以原油中转运输服务为主，兼顾海洋产业集聚发展；外钓作业区以发展船舶燃供、油品贸易等运输为主，兼顾保税功能；烟墩作业区以油品运输为主，服务仓储、贸易、中转运输需求。

9．梅山港区

依托梅山保税港区，以集装箱运输为主，兼顾商品汽车滚装运输，发展保税物流功能，是宁波-舟山港的主要港区。

（二）重要港区

1．嵊泗港区

以铁矿石中转运输为主，兼顾临港产业发展、城市生活、旅游休闲服务及陆岛运输功能，是宁波-舟山港的重要港区。其中，马迹山作业区以矿石中转储运为主；绿华山作业区以水上过驳、水水中转为主。

2．岱山港区

以液体散货运输和临港产业发展为主，兼顾杂货运输、旅游客运及陆岛运输功能，是宁波-舟山港的重要港区。

大长涂岛以原油储运、加工、贸易服务为主，小长涂岛主要发展修造船产业；鱼山作业区结合大小鱼山远期围填海工程，发展海洋产业配套和大宗商品加工功能；仇家门作业区主要发展海洋装备制造业；岱山北作业区发展海洋产业配套服务；秀山作业区为海洋产业发展区，重点发展装备制造业。

3．镇海港区

以煤炭、成品油及液体化工品、杂货运输为主，近期兼顾内贸集装箱运输，是宁波-舟山港的重要港区。

4．白泉港区

以液化天然气和散货、杂货运输为主，兼顾集装箱、成品油及液体化工品运输，发展保税物流和临港产业功能，是宁波-舟山港的重要港区。

浪西作业区以通用散杂货运输为主，服务于后方经济开发区和综合保税区本岛分区运输需求；北蝉作业区服务于海洋产业运输需求；梁横作业区以LNG及危险品运输为主。

5．马岙港区

以成品油及液体化工品和杂货运输为主，兼顾商品汽车滚装运输功能，服务舟山本岛物资运输和临港产业发展，是宁波-舟山港的重要港区。

小沙作业区西段发展海洋装备制造，东段服务定海工业园区散杂货及商品汽车滚装运输需求；天后宫作业区主要发展液体散货运输；干览作业区主要服务中心渔港及城市物资运输，重点发展水产品加工、交易、集散的杂货运输，兼顾海洋装备制造。

（三）一般港区

1．定海港区

位于舟山本岛南部，西起洋螺山灯桩与冷坑咀，东至勾山浦，包括舟山本岛南部的岙山、西蟹峙、长峙岛等岛屿。岙山、西蟹峙以原油、成品油仓储、中转运输为主，其余码头主要为城市生活物资运输、旅游客运及陆岛运输服务，是宁波-舟山港的一般港区。

2．石浦港区

北起象山县钱仓青湾山咀，南至宁海县与台州三门县交界处的旗门。以对台贸易、海洋产业配套及城市生产生活物资运输为主，兼顾陆岛运输和休闲旅游，是宁波-舟山港的一般港区。

3．象山港港区

由鄞州和北仑交界处，至象山县钱仓青湾山咀。以散杂货运输、海洋产业配套及休闲旅游服务为主，兼顾电厂煤炭接卸，是宁波-舟山港的一般港区。

4．甬江港区

自甬江大桥至招宝山大桥，被明州大桥分为上游和下游两个作业区。上游作业区实施杭甬运河连通工程，沿江码头岸线逐步取消货运功能；下游作业区结合杭甬运河建设和城市发展需要，进行资源整合和功能调整，实现优化发展，主要为宁波城市物资运输服务，发挥海河联运优势，以散杂货运输及休闲旅游服务为主，是宁波-舟山港的一般港区。

5．沈家门港区

北起麒麟山，东至半升洞，西到勾山浦，并且包括朱家尖、小干、马峙、鲁家峙、蚂蚁岛等虾峙门航道以北诸岛。以邮轮运输、对台湾地区直航及省际客运、陆岛运输为主，兼顾发展海洋产业发展，是宁波-舟山港的一般港区。

适应陆岛交通发展需要，在舟山本岛南侧及其周边普陀、岱山、嵊泗等岛屿，以及宁波大陆侧规划陆岛交通码头运输功能。

三、港口布局调整思路

按照宁波舟山一体化和港口与城市、产业协调发展的原则，港口发展应注重资源整合及结构调整，有序拓展港口发展空间，实现“优促并举”的发展思路。

1．资源整合及结构调整

整合镇海、北仑、穿山、大榭四个港区的港口资源存量，对老旧码头、污染性码头及生产企业进行搬迁改造和结构调整，对通用码头实施专业化改造，提高岸线利用率，强化集装箱运输功能，实现液体散货码头的规模化、集约化发展。远期结合城市发展的需要，对大宗干散货码头进行结构调整和功能置换。加快老港区后方集疏运通道建设，完善公路、铁路及内河航道集疏运体系。

鼓励舟山本岛以北港区危险品码头建设，引导新增液体散货码头及配套罐区发展重心逐步北移，控制中部核心水域现有石化码头生产规模，缓解环境资源容量约束，降低危险品运输船舶对主航道通过能力及码头生产运营的影响。鼓励衢山港区大宗干散货码头建设，引导大宗商品物流、加工、贸易功能向北部港区集聚，为远期承接大陆港区的功能调整提供空间。

象山港、石浦港区未来发展重点集中在象山港大桥外侧的贤庠和石浦雷公山作业区。

象山湾内部的港口作业区宜以城市生活物资运输为主，兼顾旅游功能，注重生态环境保护，控制现有煤炭等污染性码头的规模，远期实施调整。结合城市发展需要，调整、优化甬江、沈家门、定海港区生产性码头布局，分阶段逐步从城市中心区退出货运功能，发展旅游客运。

针对修造船产业岸线利用率低、布局分散、产出率低的主要问题，宜结合国际航运市场周期性波动，对现有全港修造船岸线进行资源整合及功能置换。

2. 有序拓展港口空间

宁波-舟山港的港口资源容量较为丰富，虽然大陆侧港口岸线基本开发完毕，但岛屿型港区仍有较大资源容量尚待开发。港口空间拓展方面，一方面应进一步完善主体港区的功能、提升服务水平；另一方面，发展重点应逐步由大陆侧港口向岛屿型港口转移，选择资源条件较好的大岛进行开发。宁波-舟山港具备条件的岛屿型港区为数众多，宜选择条件较成熟的重点港区进行集中、集约开发，有序拓展港口空间。

宁波-舟山港总体上将遵循“优促并举”的发展思路，即优化油品、修造船等空间布局，优化北仑穿山半岛北部和舟山本岛南部岸线,促进重点岛屿和主要货类运输系统的规模化开发。

穿山半岛北部的甬江、镇海、北仑、穿山、大榭五个港区已实现规模化开发，资源容量趋近饱和，未来将以优化结构、提升功能为主要发展方向。

舟山本岛南部的定海、沈家门两个港区将结合国际休闲旅游岛的建设，将原有的以散杂货为主的货运功能，逐步调整为以城市休闲旅游服务为主的客运功能。

促进梅山、六横、金塘、岱山、衢山等资源环境容量大、港城矛盾小的大岛实现规模化开发，宜选择重点岛屿进行集中开发，注重岸线、土地资源的集约使用。

第七章 港区平面布置规划

第一节 陆域规划

码头生产作业区：为码头装卸作业需要的专用场地，包括码头、堆场、仓库、装卸线、机械停放和检修场、调度中心及少量的生产辅助建筑等。由码头经营企业以相对封闭的方式独立使用。

码头生产辅助区：在码头作业区以外相对集中布置生产辅助建筑物的区域。码头生产辅助区主要设施包括工具和流动机械库、候工及办公用房、维修保养站、材料供应站、加油站等，其中部分设施和服务功能可在物流园区统筹安排。

港口综合物流园区：以港口运输业务为基础，逐步形成面向国际贸易的现代物流、贸易及商业服务功能、信息及金融等服务，并与城市服务结合形成一定的生活服务功能。港口综合物流园区的主要设施包括存储及流通仓库，公路、铁路集装箱货运站，加工厂房，集装箱清洗维修站，港口、航运、物流、金融、贸易、保险、咨询、代理企业、商检、海关等各派驻机构的办公场所，产品推介、展示、交易中心，生活服务设施及供水、供电、供气设施等。

1. 北仑港区

北仑港区陆域范围西起甬江口东岸的长跳咀、东至大榭一桥，划分为西部、中部、东部共 3 个作业区。

西部作业区由三星重工至北仑电厂煤码头，分为海洋产业、配套码头区和液体散货码头区，以资源整合和结构调整为主。将青峙化工东侧的海湾重工整体搬迁，西部作业区的码头功能由通用调整为液体化工品，形成规模化液体散货作业区。

中部作业区由北仑电厂码头至矿石码头。规划整合中部作业区岸线资源，规模化发展集装箱运输，将北二司煤炭码头调整为通用码头，视需求增长远期调整为集装箱专业化码头。正大和金光粮油码头远期调整为通用码头，北仑电厂 3 号码头通过升级改造提升至 10 万吨级。

东部作业区由矿石码头至大榭一桥，分为矿石码头区、石化产业配套码头区、江海联运区和支持系统区。其中，石化产业配套码头区正在开展 8km^2 产业发展规划，将结合专题研究，对配套码头及后方用地布置方案进行优化调整。穿山西口作业区后方被宁波钢厂罐区占用，但仍维持江海联运区的布置，以通用码头为主。大榭一桥和大榭二桥之间结合大桥保护区要求，布置救助船、工作船等的支持系统泊位。

（1）西部作业区

从长跳咀向东岸线长1400m，目前已建有三星重工等企业，以船舶修造为主，兼有港机修造。三星重工至青峙化工码头之间规划1个5万吨级通用泊位。青峙化工码头占用岸线650m，已建3万吨级和5万吨级液体化工泊位各1个。青峙化工码头至杨公山之间布置有戚家山化工码头、科元塑胶临时码头和青峙第一石场临时码头，规划2个5万吨级液体化工泊位。考虑预留的甬舟复线在杨公山接陆，规划杨公山两侧各400m岸线为大桥安全距离预留保护区，中门柱等岛屿的开发宜在确保规划甬舟复线通航安全的前提下进行统筹研究。自杨公山东至算山岸线长2600m，规划为液体散货码头区，已建1个杨公山石化码头和1~7号中石化镇海炼化码头，其中万吨级及以上泊位5个。

（2）中部作业区

中部作业区由西向东包括煤炭码头区、三期集装箱码头区、通用码头区、二期集装箱码头区。

① 煤炭码头区：北仑电厂专用煤炭接卸码头，共三个煤炭泊位。1号、2号泊位为5万吨级，3号泊位为10万吨级。

② 三期集装箱码头区：电厂二期散货码头以东至金光码头，岸线长1240m，陆域纵深1100m，为集装箱码头区，布置3个10万吨级和1个7万吨级集装箱泊位，规划资源容量310万TEU。

③ 通用码头区：北仑山西侧包括正大集团4万吨级和金光集团5万吨级粮油泊位各1个，泊位长度均为250m，主要为两家粮油企业生产加工服务。规划远期将两家粮油企业整体搬迁，其旧址调整为2个5万吨级通用泊位，兼顾集装箱运输。北仑山东侧包括北仑水泥厂码头和北仑山多用途码头，规划远期将水泥厂码头调整为5万吨级通用泊位，北仑山多用途码头加固改造成10万吨级，兼顾邮轮客运功能。

④ 二期集装箱码头区：码头岸线长1580m，陆域纵深1000m。根据北仑区城市发展、环保要求，规划将现有的北仑水泥码头东侧的北仑二期煤炭码头改造为集装箱泊位，与紧邻的集装箱泊位共同形成5个10万吨级集装箱专业化泊位，规划资源容量350万TEU。

（3）东部作业区

东部作业区包括矿石码头区、石化产业配套码头区、江海联运区和支持系统区，主要承担宁波钢铁有限公司、台塑（宁波）股份有限公司等临港工业企业的原材料、能源和产成品运输任务，兼顾江海联运以及社会其他企业运输需求。

① 矿石码头区：规划将北仑一期化肥码头调整为10万吨级集装箱泊位，栈桥内侧布置支持系统码头，服务于北仑中部和东部作业区；东侧的1000m自然岸线为宁波钢厂码头，共布置8个泊位，其中万吨级及以上泊位7个。

② 石化产业配套码头区：宁波钢厂以东1500m岸线已建设“F”和“反F”形背靠背的大型石化配套码头。“反F”形栈桥为台塑码头，布置6个2万～5万吨级液体化工泊位和1个3.5万吨级煤炭泊位；“F”形栈桥为协和码头，目前处于改建状态，应适时进行调整改造，码头内档可布置0.5万～5万吨级油品、液体化工泊位4个。“F”和“反F”形码头最外端规划预留大型液体散货泊位。码头岸线总长4720m，规划资源容量3500万t。

③ 江海联运区：穿山西口至大榭二桥规划江海联运区，形成码头岸线2185m，布置10个万吨级及以上和2个5000吨级通用泊位。

④ 支持系统区：在大榭一桥和大榭二桥之间布置救助船、工作船等的支持系统泊位。

北仑港区后方主要公路集疏运通道为S320、大碶疏港高速、穿山疏港高速和杭甬复线高速，铁路从矿石码头区东侧直接进入港区。

2. 洋山港区

洋山港区陆域范围包括大、小洋山及其周边岛屿，划分为小洋山、沈家湾、大洋山、小洋山北共4个作业区。

（1）小洋山作业区

小洋山作业区以大乌龟、颗珠山、小洋山、镬盖堂及大岩礁湾等诸岛形成的岛链为基础进行平面布置。小洋山作业区集装箱泊位总长8.74km，纵深0.6～1.2km，规划陆域面积9.8km^2，共可布置集装箱专业化泊位24个。根据洋山客运的需求，规划在该作业区西部布置洋山客运中心。

（2）沈家湾作业区

小岩礁以东至中门堂沈家湾段3.8km岸线规划为液体散货泊位区。目前，已建洋山申港国际石油储运有限公司10万吨级成品油码头1个，5000吨级、2000吨级成品油泊位各2个，上海液化天然气有限公司10万吨级LNG码头1个。沈家湾以东岸线规划为客运码头区，岸线长400m，已建客运码头泊位5个。

规划沈家湾作业区在洋山申港国际石油储运有限公司10万吨级成品油码头基础上，

结合企业运输需求，于西侧扩建、改建1个10万吨级以上大型油品泊位及相应的小型装船泊位，码头具体平面布置方案及建设规模在项目实施阶段进行论证与优化。扩建、改建工程实施前应充分考虑通航安全及对小洋山集装箱码头作业区运营影响等因素，并征求利益相关方及海事、航道等部门意见。沈家湾客运码头防波堤以北岸线在开发使用前，应与浙江省海洋功能区划、近岸海域环境功能区划及环境功能区划所确定的功能定位相协调。

（3）大洋山作业区

大洋山作业区包括大山塘、大小贴饼岛、大洋山、筲箕岛、虎啸蛇岛等岛屿，其规划应尊重科学规律，着眼长远发展，充分考虑上海国际航运中心未来集装箱运输的发展需求，按照大、小洋山一体化规划的原则，考虑对外通道的衔接，对大洋山港口岸线及与周边岛屿围垦后形成的陆域进行统筹规划、合理布局。目前，因大洋山作业区规划方案尚未对产业规划、建港研究和对外通道进行深入研究，仍存在较大的不确定性，本次规划提出了考虑潮汐通道的初步方案，在实际开发建设前，宜开展深入的专题研究，确定总平面布置方案及港口功能区划分。大洋山作业区初步定位为集装箱运输、港口物流及海洋产业提供配套服务。初步规划作业区形成港口岸线13.7km，规划陆域面积17.1km^2。

（4）小洋山北作业区

洋山港区小洋山北侧岸线，规划为集装箱江海联运码头区。作业区布置方案应根据临港产业发展和水水转运需求，结合围填海工程情况，深入开展前期研究工作，另行编制报批。

小洋山通过东海大桥与上海连接，远期结合发展需要，预留大洋山至上海和舟山的对外通道。

3. 六横港区

六横港区陆域范围包括六横岛以及西侧佛渡岛、东侧凉潭、悬山、金钵盂、虾峙等岛屿和北侧湖泥岛等岛屿，划分为涨起港、东浪咀、聚源、双塘、沙头山、凉潭、虾峙共7个作业区。

六横岛东部分为聚源作业区和双塘作业区。聚源作业区以煤炭水水中转为主，兼顾油品运输需求，范围北延至东浪咀；双塘作业区以规模化集装箱运输为主。北部东浪咀作业区主要发展装备制造业等海洋产业，范围向东拓展至东浪咀。西部涨起作业区发展液体散货运输，范围南扩至狼江岙咀。沙头山作业区结合六横大桥选线，利用围填海新增港口及海洋产业用地，集中发展海洋产业配套及保税物流。

凉潭岛是矿石水水中转的重要布点，服务于长江三角洲及长江沿线地区钢铁企业运输。

规划虾峙作业区，包括虾峙岛及周边岛屿。其中，虾峙岛、西白莲、金钵盂以海洋产业发展为主，兼顾港航物流服务。东白莲岛应适当控制油品运输发展规模，码头及罐区宜在西侧起步、集约布置，并充分考虑对城市功能及环境保护的影响。

悬山岛西侧岸线进一步开展前期工作，可用于布置海事、引航等支持系统。湖泥岛、佛渡岛等规划为港口预留发展区，适时开发。

（1）双塘作业区

双塘作业区：规划以发展近、远洋集装箱运输为主的作业区。煤码头至大葛藤岸线长约 4650m，规划为集装箱泊位区，共可布置 5 万吨级及以上集装箱泊位 14 个，规划资源容量 700 万 TEU，陆域纵深 1000m，面积 480 万 m^2。集装箱泊位东侧 300m 岸线规划为港口支持系统岸线。集装箱泊位区后方陆域平整，可配套建设物流园区和各类加工区。

（2）聚源作业区

从东浪咀至煤码头约 4700m 岸线，服务于海洋产业发展兼顾中转运输功能。其中，东浪咀 - 上大岙段岸线约 1530m，现状为 2 个 1 万 ~ 5 万吨级石油化工泊位，远期可结合需要进行升级改造；上大岙 - 煤码头段岸线约 3170m，已建成浙能中煤电厂 15 万吨级和 5 万吨级卸煤泊位各一座，3.5 万吨级、2 万吨级、5 千吨级装煤泊位各一座，陆域堆场面积 100 万 m^2；在其东侧规划“F”形布置 5 万吨级及以上泊位 3 个和万吨级泊位 1 个。

（3）东浪咀作业区

规划六横岛北侧的响水礁至东浪咀 6850m 自然岸线为装备制造及配套码头区，陆域面积 370 万 m^2，以中国远洋运输总公司为主体形成规模化的船舶修造服务基地。

（4）涨起港作业区

火烧山咀至响水礁的 4800m 自然岸线，规划作为液体散货码头区，规划新布置大型液体散货泊位 12 个，后方陆域面积约 270 万 m^2。涨起港作业区内的岸线开发，应根据六横大桥线位方案，适当调整泊位建设位置及规模。

（5）沙头山作业区

规划黄风咀至短礁咀的 14320m 岸线为沙头山作业区，布置海洋产业及配套码头区，发展海洋产业集聚区，通过滩涂围垦可形成陆域 2480 万 m^2。

（6）凉潭作业区

凉潭作业区规划为散货码头区，码头顺岸布置在大、小凉潭岛屿的北侧，靠近主航道，通过大小凉潭岛的围垦，可形成陆域面积 63 万 m^2，已建武港矿石泊位 25 万吨级和 5 万吨级各 1 个，以及万吨级 2 个。规划在 25 万吨级泊位西侧布置 1 个大型矿石接卸泊位，在南侧装船码头西侧布置 1 个 5 万吨级和 2 个 1 万吨级装船泊位。悬山岛西侧岸线可进一步开展前期工作，布置海事、引航等支持系统。

（7）虾峙作业区

规划虾峙作业区的虾峙岛、西白莲、金钵盂以海洋产业发展为主，兼顾港航物流服务，海洋产业配套码头岸线约占 8km，陆域面积约 320 万 m^2，湖泥岛作为预留发展区，东白莲岛适当发展油品运输。

集疏运通过六横高速公路衔接象山疏港道路和穿山疏港道路。

4. 衢山港区

港区陆域范围包括衢山岛南侧西起小黄沙、东至大沙头西，衢山岛东侧南起大沙头、北至蛇头，鼠浪湖岛西南侧以及周边黄泽山、双子山、小衢山等岛屿，划分为小黄沙、泥螺山、胡琴岙、蛇移门、鼠浪湖、黄泽共 6 个作业区。

衢山岛是东西向延伸的岛屿，南北向纵深相对较小，以东西中轴线为界，北部、西部是今后的城市重点区域和中心渔港发展区，东部、南部是港航及海洋产业发展的重点区域。衢山岛以东西中轴线为界，岛屿东侧布局有鼠浪湖、蛇移门等作业区，深水贴岸，规划为发展大型干散货的重点区域，统筹联动发展；黄泽山岛地处外海，相对独立，是发展大型液体散货运输的重点区域；双子山岛预留发展液体散货的空间；胡琴岙作业区、小衢山具有发展大宗散货的资源条件，未来可结合大宗商品贸易发展，逐步明确功能及方案，近期除开山采石外，作为备用资源，予以保护。

鼠浪湖岛是舟山综合保税区“一区两片”的核心载体，是区域发展大宗散货中转、仓储和贸易的重要作业区，兼有保税功能，可尝试建立矿石集散中心，为国际、国内大型矿石贸易商开展矿石中转贸易提供条件；小黄沙、泥螺山港点适宜发展规模化的海洋产业及配套运输，具体平面布置和码头功能，可结合海洋产业布局要求进一步确定。

（1）鼠浪湖作业区

鼠浪湖作业区位于鼠浪湖岛，规划作业区西部为大宗散货码头区，岸线前沿水深优越，但后方陆域需通过围垦形成。码头采用栈桥式方案，规划布置 3 万 ~ 30 万吨级大宗干散货泊位 10 个，陆域面积 350 万 m^2。西部北侧为液体散货区，布置大型液体散货码头 1 个，陆域面积 15 万 m^2。

（2）蛇移门作业区

蛇移门作业区位于衢山岛东部，岸线水深超过 20m，大型船舶可通过黄泽洋由北面进入港区。规划该作业区作为大宗散货中转区，布置 2 个 25 万吨级以上散货泊位、3 个 10 万吨级散货泊位和 2 个 5 万吨级散货泊位。码头所在位置后方多山，需开山和围垦造陆，可根据开山和围垦的平衡量进行陆域前沿线布置，规划港区陆域面积约 140 万 m^2。进港公路由港区西面中部进入。岸线开发使用前，应与浙江省海洋功能区划、近岸海域环境功能区划及环境功能区划所确定的功能定位相协调。

（3）胡琴岙作业区

胡琴岙作业区位于衢山岛东南部，滩涂资源丰富，15m 等深线距岸近，水域宽阔。作业区西侧码头岸线长 2570m，可建设 5 万吨级以上散货泊位 9 个，陆域面积 215 万 m^2，规划作为大宗散货规模化运输的重要资源；作业区东侧规划为海洋产业及配套码头区，码头岸线长 965m，陆域面积 65 万 m^2。

（4）泥螺山作业区

泥螺山作业区位于衢山岛南部，小黄沙作业区东部，滩涂资源丰富，15m 等深线距岸近，水域宽阔。码头岸线长 2570m，规划布置 5 万 ~ 10 万吨级通用泊位 9 个。港区陆域纵深 1500m，直接生产作业区面积 140 万 m^2，港区后方 330 万 m^2 可作为产业及物流发展用地。岸线开发使用前，应与浙江省海洋功能区划、近岸海域环境功能区划及环境功能区划所确定的功能定位相协调。

（5）小黄沙作业区

小黄沙作业区位于衢山岛西南部地区，滩涂资源丰富，15m 等深线距岸近，水域宽阔。码头岸线长 1695m，规划布置 5 万 ~ 10 万吨级通用泊位 6 个。陆域面积 110 万 m^2。

（6）黄泽作业区

黄泽作业区包括黄泽山、小衢山、双子山和衢山岛北部潮头门区域。其中，黄泽山、双子山附近水深超过 20m，船舶可由黄泽洋由东进入，作业区土地利用开发应与舟山市滩涂围垦规划相协调，并结合海洋产业开发，适宜发展大宗油品储运。小衢山已建开山石料出运码头，形成部分港口陆域，远期结合海洋产业开发建设配套码头。

5. 穿山港区

穿山港区陆域范围为整个穿山半岛沿海，西起龙睡宫、南至新碶头，划分为西部、中部、东部共 3 个作业区。

西部作业区包括北仑区白峰镇、外峙岛东侧、里神马岛以及太子山岛等，以资源整合为主，外峙岛作业区位于外峙岛东侧，可依托牛轭江开展江海联运服务。

穿山中部作业区从牛轭江至馒头山，为集装箱专业化码头区。

穿山东部作业区从馒头是至长柄咀，从西至东依次布置大宗干散货及LNG码头区、预留LNG码头区、通用散货码头区和液体散货码头区。集装箱码头区在现有泊位基础上向两侧实施扩建，拓展规模。大宗干散货码头区向西延伸，提高外贸铁矿石等大宗散货接卸能力。穿山LNG接收站后续项目，宜进一步深入论证对中部核心水域码头运营及通航影响，谨慎实施。通用散货码头区结合围填海向西扩展。对液体散货码头区Ⅲ类港口岸线的油品运输功能予以明确。

此外，升螺圆山至新碶头段岸线，为海洋产业及配套码头区。双屯至司城岙段为港口预留发展区，近期可适度开展开山工程，为远期港口规模化开发拓展陆域纵深。

（1）西部作业区

西部作业区包括北仑区白峰镇、外峙岛东侧、里神马岛以及太子山岛等，划分为海洋产业及配套码头区、河海联运码头区和江海联运码头区，自然岸线长分别为6.2km、2.5km和2.4km。海洋产业及配套码头区布置千吨级小型海洋产业配套运输服务泊位，以件杂、矿建和非金属矿石运输为主，兼顾已形成一定规模的船舶修造产业，陆域纵深250 ~ 500m；河海联运码头区布置千吨级通用泊位，发展与甬江联动的河海联运服务；江海联运码头区布置中小型进长江集装箱泊位。码头泊位建设等级应考虑架空管线对通航净空高度的限制。

（2）中部作业区

集装箱码头区：牛轭江东口至馒头山以西自然岸线长4km，是成规模建设集装箱泊位的理想岸线，规划集装箱码头岸线3710m，布置10万吨级及以上集装箱泊位11个，陆域纵深700 ~ 1200m，陆域面积330万m^2。

（3）东部作业区

大宗干散货及LNG码头区：自馒头山东至沙湾咀岸线长2.6km，深水贴岸、潮流较缓，掩护条件较西部稍差，陆域自然宽度较窄。自西向东已建成中宅15万吨级和5万吨级散货泊位各1个，LNG接收站配套26.6万m^3 LNG泊位和3000吨级泊位各1个。规划将现有中宅散货码头向两侧延伸，布置30万吨级、5万吨级和3.5万吨级散货泊位各1个。

预留LNG码头区：现有LNG码头东侧约700m岸线及后方陆域规划为预留LNG码头区。下阶段，结合专题论证，确定适宜布置的码头功能及具体平面方案。

通用散货码头区：自公鹅咀东至港鑫东方罐区西侧，约950m自然岸线，已建公鹅咀东侧光明10万吨级、2万吨级和1万吨级散货泊位各1个，规划向东延伸将现有10万和1万吨级泊位升级改造为15万吨级和3.5万吨级，将已建码头西端按公鹅咀湾岸线向西延伸增加1个5万吨级散货泊位。

液体散货码头区：港鑫东方罐区西边界至双屯，约1.7km自然岸线，水深较好，但后方陆域狭窄。已建港鑫东方5万吨级成品油泊位1个，东侧规划布置5万吨级油品泊位2个。

在馒头山东侧、集装箱码头区、大宗干散货及LNG码头区中间规划支持系统，服务于穿山中部作业区。

此外，穿山半岛南侧升螺圆山至新碶头段，港口岸线7.6km，已建海湾重工5000吨级码头1个，利用习惯航路进出，正在进行陆域围填工程。该段岸线开发使用前应征求相关部门意见，并与浙江省海洋功能区划、近岸海域环境功能区划及环境功能区划所确定的功能定位相协调。

穿山半岛东侧双屯至司城岙段，港口岸线7.5km，部分已进行开山采石，是港口预留发展区，结合开山围填及建港条件加以研究，专题论证作业区的功能及平面布置方案。

穿山港区集疏运以公路为主，西接白峰并与穿山疏港高速直接相连；铁路由拟建的北仑至华峙铁路支线引入，在华峙以东设分区车场，以联络线接至港区。

6. 金塘港区

金塘港区陆域范围包括金塘岛中南部沿海，西起木岙渔村、东至北岙，以及金塘岛北侧的鱼龙山、横档山岛和大菜花岛，划分为木岙、大浦口、上岙、张家岙、小李岙、北岙以及甬舟高速以北海洋产业及配套码头区共7个作业区。

根据港城发展要求，金塘港区大鹏山岛将退出港口货运功能，调整为城市生活岸线；鱼龙山、横档山岛与金塘岛围填陆域作为港口及海洋产业用地；大菜花岛规划为港口预留发展区；新增金塘岛小黄泥坎－大浦口、双礁段岸线为港口岸线，小黄泥坎－大浦口段岸线作为支持系统岸线，双礁段岸线功能定位于燃供及支持系统。

统筹考虑集装箱运输及海洋产业发展需要，调整原规划的集装箱码头规模，木岙、大浦口、上岙保留集装箱运输功能，调整张家岙、小李岙、北岙为预留发展区；大浦口集装箱码头后方集中布局规模化的集装箱仓储及物流园区，主要服务于集装箱中转、运输；金塘岛北部通过围垦形成部分陆域，以及甬舟大桥北侧西堠工业区作为海洋产业及配套码头区。在大浦口和木岙作业区之间预留金塘第二通道线位。

（1）木岙作业区

规划在金塘岛西侧形成码头岸线 2955m，布置 5 万吨级及以上集装箱泊位 9 个，陆域纵深 500 ～ 1000m，面积 270 万 m^2。南侧小黄泥坎至大浦口段岸线作为支持系统。

（2）大浦口作业区

在金塘岛西南侧已建成 7 万吨级集装箱泊位 2 个，规划将码头前沿向南延伸，共形成码头岸线 1760m，布置 7 万～ 10 万吨级集装箱泊位 3 个，陆域纵深 1100m，面积 250 万 m^2，后方集装箱仓储及物流园区面积 175 万 m^2。

（3）上岙作业区

规划在金塘岛南侧形成码头岸线 2600m，布置 10 万吨级及以上集装箱泊位 6 个，陆域纵深 900m，面积 235 万 m^2。集装箱作业区西侧双礁段岸线规划为燃供及支持系统发展区。

（4）张家岙、李岙和北岙作业区

规划为预留港口作业区，远期结合集装箱运输和海洋产业的发展需要，逐步明确功能定位及平面布置方案。

（5）海洋产业及配套码头区

规划鱼龙山、横档山岛与金塘岛北部通过围垦形成陆域，以及甬舟大桥北侧西堠配套码头区，为临港海洋产业提供配套服务，占用岸线 7940m，可形成陆域面积 600 万 m^2。

金塘各作业区之间用公路相连接，并与舟山连岛工程衔接，作为同外界的集疏运通道。金塘岛的集装箱泊位全部建成后，现有跨海大桥的通过能力将不能满足集疏运要求，在大浦口和木岙作业区之间预留金塘第二通道线位。

7. 大榭港区

大榭港区陆域范围包括大榭岛西、北、东三侧沿海区域，以及大榭岛东侧的穿鼻岛，划分为海洋产业配套及液体散货、集装箱、通用、穿鼻岛共 4 个作业区。

大榭岛的开发需统筹推进产业与城市发展进程，进一步优化“北工南居”的总体空间格局。根据大榭国际石化产业基地定位，将原规划的 D 段通用码头区东侧 1300m 岸线功能调整为液体散货，作为石化产业配套码头，提高大榭岛石化产业的集中度。剩余 300m 岸线仍维持通用码头定位，远期结合需要调整为集装箱专业化泊位。其余临港工业及液体储运区，通过资源整合实现优化发展。将穿鼻岛调整为港口预留发展区，在明确产业发展方向之前，作为Ⅲ类港口岸线资源进行控制性保护，暂缓开发。大榭港区开发推动大榭石化公共仓储罐区、管线规划。

（1）海洋产业配套及液体散货作业区

大榭岛东部背山面海、深水近岸、掩护条件较好，适于发展大宗散货水水中转业务。规划布置20万吨级及以上泊位3个、2万～10万吨级泊位10个、3千～5千吨级泊位6个，码头岸线总长约5395m。目前已建成：宁波大榭中油燃料油码头有限公司30万吨级原油泊位1个；宁波百地年液化石油气有限公司LPG基地站，接卸储存并向华东沿海和长江沿线转运液化石油气，后方配有25万m^3地下储罐2个，配套5万吨级、5000吨级LPG泊位各1个；宁波大榭关外码头有限公司和宁波利万聚酯材料有限公司5万吨级液体化工泊位各1个；中海石油宁波大榭石化有限公司的5万吨级原油泊位、3000吨级成品油泊位、3000吨级燃料油泊位各1个；宁波大榭中海石油码头有限公司3万吨级液体化工泊位1个；宁波实华原油装卸有限公司45万吨原油泊位1个；宁波实华原油码头有限公司25万吨级和7万吨级原油泊位各1个；宁波大榭港发码头有限公司8万吨级原油泊位1个；宁波大榭开发区恒信燃料油品有限公司5000吨级成品油泊位2个。

大榭岛北部集装箱码头区东侧1300m岸线功能调整为液体散货，布置3个5万吨级及以上石化产业配套泊位，与东侧万华已有10万吨级散货泊位、5万吨级和2万吨级液体化工泊位各1个，形成北部海洋产业配套及液体散货作业区。

（2）集装箱作业区

大榭岛西北侧岸线平顺、深水近岸、陆域开阔，掩护良好，适宜承担远洋集装箱运输功能。其自西向东已建成1个7万吨级、2个15万吨级和1个10万吨级集装箱泊位。规划在其东侧300m岸线布置1个5万吨级通用泊位，远期结合需要调整为集装箱专业化泊位。远期将形成规模化集装箱码头岸线1800m，陆域纵深350～1100m，陆域面积155万m^2。

（3）通用作业区

该区位于穿山港西口至外道头，泊稳条件十分理想，后方陆域条件较好，但穿山港西口只能满足3万吨级以下船舶通航，且水域较窄，宜作为通用杂货泊位发展。目前，已建成2万吨级泊位2个、1万吨级泊位2个、5千吨级泊位1个、3千吨级泊位1个，通过能力400万t。

（4）穿鼻岛作业区

穿鼻岛作业区为预留港口发展区，功能及平面布置方案结合产业规划另行专题研究。

大榭港区陆上集疏运以公路为主，主要通过大榭第一通道和第二通道与穿山半岛主要干线公路网相连。

8. 岑港港区

岑港港区陆域范围包括册子岛东侧、外钓岛，以及舟山本岛西侧马目山咀至涨次和老塘山周边区域，划分为烟墩、册子、外钓、老塘山共4个作业区。

除外钓作业区为舟山油品未来引导发展区和里钓岛东侧作为预留港发展区口外，其余四个作业区均已成规模开发，以资源整合为主，提高码头岸线利用率。

（1）老塘山作业区

本次规划的老塘山作业区范围整合了原野鸭山作业区，向南延至墩头山以南。老塘山作业区自西向东已建成3000吨级和2.5万吨级煤炭泊位各1个；1.5万吨级散货泊位1个和5000吨级散货泊位2个；老塘山三期5万吨级兼靠8万吨的泊位2个；老塘山五期散货泊位12万吨级、3.5万吨级和万吨级各1个。规划将老塘山三期和五期码头前沿向南延伸，布置5万吨级及以上泊位3个，五期南侧墩头段规划老塘山支持系统，布置370m港作船码头。直接生产作业区陆域面积380万m^2，直接生产作业区后方规划为海洋产业用地，面积185万m^2。下阶段，将结合老塘山国际粮油产业园区规划调整情况，编制控制性详细规划，对老塘山作业区平面布置方案进行调整优化。

随着六横煤炭中转基地的建成投产，老塘山煤炭等散货中转需求逐步下降，适时进行功能调整。集疏运通过鸭老公路向内与环岛公路相连，向外连接舟山金塘大桥，与大陆连接。

（2）外钓作业区

外钓作业区位于老塘山东北的外钓岛及里钓岛，规划为液体散货码头区，布置30万吨级大型液体散货泊位3个、10万吨级油品泊位2个、2万吨级油品泊位1个、万吨级以下油品泊位6个，陆域面积110万m^2。

（3）册子作业区

册子岛是甬沪宁原油管线上的重要节点。兼顾海洋产业集聚发展，册子岛的小道头湾建设有船厂15万吨级舾装码头，紧邻向南建设船坞和修造船厂；由船厂南260m附近起，已建成30万吨级原油泊位一个，通过能力2050万t。规划现有原油码头西南方向布置1个30万吨级原油泊位；东北方向布置5万吨级通用泊位2个，作业区陆域总面积175万m^2。

原油码头的集疏运将采用管道方式，修造船厂的集疏运道路可与距船厂100m处的岛屿主干公路相连，进而与舟山金塘大桥相连。

（4）烟墩作业区

烟墩作业区位于狮子山西南的烟墩附近。按照舟山本岛的“北生产、南生活”的规划布局，烟墩作业区规划为海洋产业及配套码头区。自南向北已建金泰石化5000吨级成品油泊位 1 个，浙江海洋石化万吨级成品油泊位 1 个，纳海油污水处理有限公司 3 万吨级液体化工泊位 2 个和 3000 吨级成品油泊位 1 个，天禄能源 5000 吨级成品油泊位 2 个和 5000 吨级配套通用泊位 1 个；规划布置 3 万吨级成品油泊位 2 个和 5000 吨级及以下液体化工泊位 3 个，作业区陆域面积约 230 万 m^2。

9. 梅山港区

梅山港区陆域范围为梅山岛东南沿海区域，划分为梅山东和七姓涂共 2 个作业区。

按照梅山保税港区和城市发展需求，结合梅山水道封堵工程、七姓涂围涂工程实施方案和六横疏港高速线位，对港区总平面布置方案进行优化调整。

（1）梅山东作业区

梅山东作业区为梅山港区的核心区域，也是梅山保税港区港口作业区的主体，码头岸线长度 3995m，布置 10 万吨级及以上集装箱泊位 10 个，陆域纵深 1450m。其中，码头直接生产作业区陆域纵深约 700m。作业区后方设置国际物流园区、进口货物分拨配送区和出口货物增值加工区，为保税港区提供配套服务。东侧青龙山段岸线长 1440m，作为港口预留发展区。

（2）七姓涂作业区

七姓涂作业区范围为保税区横河以西七姓涂滩涂围垦所形成岸线，规划码头岸线长度 3450m。拐角 450m 岸线布置 7 万吨级通用泊位 1 个，兼顾商品汽车滚装运输。西侧的 1460m 岸线布置 1 万 ~ 3 万吨级集装箱泊位 5 个，1360m 岸线布置 1 万 ~ 3 万吨级通用泊位 7 个。作业区后方陆域纵深 450m，陆域面积 135 万 m^2。作业区西侧岸线受六横通道大桥安全间距影响，布置为工作船泊位，岸线长度 180m。同时，7 万吨级通用泊位西侧 220m 岸线布置工作船码头。

七姓涂作业区、青龙山岸线开发使用前，应与浙江省海洋功能区划、近岸海域环境功能区划及环境功能区划所确定的功能定位相协调。

在梅山水道封堵工程北堤东侧，规划布置梅山港区全港的海事、海关、边防、引航、港政、消防等公用辅助设施。

10. 嵊泗港区

原泗礁港区和绿华山港区整合为嵊泗港区，嵊泗港区陆域范围包括嵊泗列岛中的马迹山及其周边岛屿，划分为马迹山、绿华山 2 个作业区及黄龙、李柱山港点。马迹山一期已建成 30 万吨级、5 万吨级和 1 万吨级矿石码头各 1 个，二期已建成 30 万吨级和5万吨级矿石码头各1个；绿华山已建成20万吨级散货减载平台1个。其中，马迹山作业区西部岸线建港条件复杂，项目实施前应根据相关前期研究内容，深入论证码头平面布置方案。

11. 岱山港区

岱山港区陆域范围西起小岙村、东至浪激咀，小长涂岛西侧和北侧，大长涂东南侧，秀山岛西南侧和东北侧，以及大、小鱼山岛，划分为长涂、鱼山、仇家门、浪激咀、岱山北、秀山共6个作业区。

根据城市规划，岱山将形成高亭、竹屿为中心的城市核心区，取消原规划的竹屿作业区，但保留东海平湖油气田岱山原油中转站。岱山岛以浪激咀村为界，在全岛空间布局上，港口及海洋产业向西顺时针方向发展，城市向东逆时针方向发展。

岱山岛新增仇家门段岸线及陆域作为海洋产业配套发展区；新增岱山北为海洋产业配套运输重点发展区域，围填海形成陆域，发展海洋产业及港口配套服务。

岱山港区新增大长涂、大小鱼山岸线。其中，大长涂作为原油储运与贸易的重点区域，是未来油品发展的引导区域；小长涂岛作为海洋产业的重点发展区域，可结合产业布局的要求，进一步优化资源存量，实现资源效益最大化。大小鱼山主要发展海洋产业和大宗商品加工，规划为Ⅲ类港口岸线资源，进行控制性保护，将结合绿色石化产业布局，专题论证配套码头平面布置方案。增加秀山岸线，作为海洋产业配套和港口物流区域。

（1）长涂作业区

小长涂岛已形成了规模化的修造船工业，规划以此为基础，形成规模化的装备制造业发展区；大长涂岛规划为液体散货码头区，东南部规划布置1万～5万吨级油品泊位23个及若干万吨级以下泊位；岛屿东部樱连门及附近岛屿预留发展大型液体散货泊位的空间。

下阶段开展建港前期研究，开展控制性详细规划，专题论证具体布置方案。岸线开发使用前，应与浙江省海洋功能区划、近岸海域环境功能区划及环境功能区划所确定的功能定位相协调。

（2）鱼山作业区

鱼山作业区包括大、小鱼山岛及其周边岛屿，规划以液体散货码头为主，配套建设煤炭及散杂货码头，主要发展绿色石化等海洋产业和大宗商品加工服务。鱼山作业区规划为石化基地配套服务码头区，作业区布置方案应根据临港产业发展需要，结合围填海工程情况，深入开展前期研究工作，另行编制报批。

（3）仇家门作业区

仇家门作业区位于岱山岛西南部，目前已建有浙江红鹰拆船有限公司、海州修造船有限公司、舟山市海天船舶有限公司等船舶修造泊位，且形成了规模化的修造船工业，规划以此为基础，形成规模化的装备制造业发展区。

（4）浪激咀作业区

浪激咀作业区位于岱山岛西南部，岸线呈东西走向，水深达15m以上，后方陆域宽阔，主要为后方省级经济开发区和海洋产业区服务，规划为通用泊位区，共可布置3.5万吨级及以下通用泊位10个，陆域纵深为400 ~ 650m，面积为160万m^2。

（5）岱山北作业区

岱山北作业区位于岱山岛西北侧，通过近岸滩涂围填可形成陆域11.5 km^2，规划为港口及海洋产业用地。根据城市发展规划以及港口产业发展需求，建议由西南侧向东北侧有序发展，根据需求逐渐建设开发。

（6）秀山作业区

秀山作业区位于秀山岛的西南和东北部，已建常石集团（舟山）造船有限公司、舟山原野修造船有限公司等船舶修造泊位，在建舟山惠生海洋工程有限公司秀山基地项目、舟山新中耀船舶修造有限公司修造项目。规划将形成规模化的海洋产业发展区，重点发展装备制造业。其中，北侧岸线新建码头应满足旅游娱乐配套服务功能。规划占用岸线7450m，陆域面积235万m^2。

12. 镇海港区

镇海港区陆域范围西起宏远路、东到甬江口导流堤、南延至招宝山大桥的煤炭堆场及以东沿海区域，划分为通用及多用途、液体散货、煤炭共3个作业区。

镇海港区以优化发展为主。其中，招宝山大桥至甬江口段的通用及多用途作业区以资源整合为主，适当提高该段甬江通航等级，实施码头功能调整和等级提升，并预留杭甬高速复线线位；甬江口以北划分为液体散货作业区和煤炭作业区，满足液体化工品仓储及煤炭储运基地建设需求。

（1）通用及多用途作业区

自招宝山大桥北侧布置1 ~ 10号共11个泊位，规划6 ~ 9号共4个多用途泊位，其他为通用泊位，对该作业区经改造和升级后将有万吨级及以上泊位9个。

（2）液体散货作业区

自杭甬复线跨甬江预留线位东侧布置 12 ~ 20 号共 11 个液体散货泊位，其中，万吨级及以上泊位 9 个，满足宁波石化工业发展需求，形成华东地区液体化工品中转储运基地。

（3）煤炭作业区

18 号液体散货泊位以西布置 21 ~ 23 号煤炭专业化泊位。21、22 号分别为 5 万吨级、2 万吨级卸船泊位，23 号为 5000 吨级装船泊位，后方布置煤炭专业堆场，建设煤炭储运基地。

镇海港区陆上集疏运以杭甬复线高速公路、甬镇公路、329 国道和洪镇铁路为主，并利用杭甬运河。

13. 白泉港区

白泉港区位于舟山本岛西北部，陆域范围西起浪熹、东至梁横山，划分为浪西、北蝉、梁横共 3 个作业区。

白泉港区是舟山综合保税区“一区两片”的重点区域，是近期封关运作的重要载体，重点发展保税、仓储、加工等业务，近期配套建设通用、煤炭及多用途泊位；梁横山相对独立，规划布局 LNG 泊位及液体散货。

（1）浪西作业区

浪西作业区西起浪熹，东至钓山，岸线长 4000m，采用顺岸栈桥式方案，规划布置 5 万吨级及以上通用泊位 11 个，陆域面积 375 万 m^2，主要服务于后方经济开发区及综合保税区本岛分区企业运输需要。

（2）北蝉作业区

北蝉作业区西起钓山，东至牛头山，岸线长 5000m，后方通过围垦已形成陆域，规划为海洋产业及配套码头区，码头具体位置和方案可根据建港条件和临港产业需求进行详细布置。远期可结合需要，经论证后增加围填海面积，并预留接续梁横作业区 LNG 的发展空间。

（3）梁横作业区

梁横作业区西起牛头山，东至梁横山，梁横山北侧和东侧段岸线水深条件好，规划为 LNG 及危险品作业区。初步布置 2 个大型 LNG 泊位及 3 ~ 4 个转水泊位，陆域面积 210 万 m^2。作业区的整体开发应充分考虑近远期 LNG 接卸及转水需求，统筹研究大型接卸及小型转水码头布置方案，合理利用岸线资源。

集疏运应抓紧建设疏港公路，与舟山金塘大桥相连。

14. 马岙港区

马岙港区陆域范围包括西起舟山本岛北侧的擂鼓、东至毛峙渔村西侧的小沙作业区，西起毛峙渔村东侧、东至庙山咀的天后宫作业区，西起庙山咀、东至长跳咀东侧的干览作业区(不含西码头中心渔港)，以及长白岛东北侧和西南侧，划分为小沙、长白、天后宫、干览共4个作业区。

小沙作业区分为东、中、西三段，西段海洋装备制造业集中布局发展，是舟山装备制造业布局发展的重点区域；中段为海洋产业配套发展区；东段为后方园区配套集中布置通用和商品汽车滚装码头。天后宫作业区宜引导舟山液体散货集中布局。干览作业区包括上下园山岛，为远洋渔业基地，布置船舶燃供和城市生活服务配套码头，可结合西码头中心渔港建设情况，进一步整合岸线资源，实现优化发展。

(1)小沙作业区

小沙作业区西起擂鼓，东至毛峙渔村，自然岸线约10.5km，后方陆域纵深1000m左右，陆域面积为580万m^2。小沙西部作业区规划为装备制造业发展区，小沙中部作业区规划为海洋产业及配套码头区。小沙东部作业区除客运码头外，规划布置4个万吨级以上通用及滚装泊位，服务商品汽车及作业区后方生产、生活物资运输，兼顾岛际客运。

(2)长白作业区

长白作业区包括长白岛东北和西南侧约8km自然岸线及相关陆域，规划为装备制造业发展区，配套建设码头泊位。

(3)天后宫作业区

天后宫作业区位于小沙作业区以东，岸线长约4.8km。已建成5万吨级液体化工泊位2个、3万吨级和万吨级液体化工泊位各1个、3000吨级成品油泊位3个，以及3000吨级配套泊位1个。规划在已建码头两侧顺岸布置万吨级及以上的液体散货泊位6个、5000吨级及以上泊位2个，主要服务于作业区后方油品仓储、贸易企业的运输。

(4)干览作业区

干览作业区包含部分舟山本岛北部岸线、园山岛岸线，重点发展水产品加工、交易、集散功能，兼顾海洋产业配套及船舶燃供，已有泰通船厂和金海船厂。规划圆山岛布置油品泊位2个，作业区后方陆域9万m^2。规划干览西作业区西端布置2万吨级散货码头1个，干览东作业区东西端布置1万吨级件杂货泊位3个和5000吨级件杂货泊位1个，主要服务周边区域城市生产生活运输。

港区集疏运主要通过作业区后方县道 102 与舟山本岛公路网连接。

15. 定海港区

定海港区范围包括舟山半岛南部洋螺山至勾山浦段本岛岸线，以及周边西蟹峙、岙山、长峙等岛屿。其中，岙山作业区陆域范围为岙山岛中南部，划分为西蟹峙、岙山、城市客运共 3 个作业区。

根据舟山群岛新区对舟山本岛“北工业、中生态、南生活”的城市定位，舟山本岛南部岸线以资源整合为主，将结合城市发展需要，逐步退出港口货运功能以及修造船等污染性产业，除岙山、西蟹峙、长峙岛外，仅保留必要的船舶供油、城市客货物资运输码头。舟山本岛南部各岛屿开发原则：控制码头设施的既有规模，不再扩建，逐步实施功能调整和转移。

（1）西蟹峙作业区

鉴于西蟹峙岛港口资源有限，结合定海未来发展定位，西蟹峙作业区将基本维持现有港口规模，远期结合城市功能拓展，逐步实施功能调整。西南侧已建成 5 万吨级和 3.5 万吨级成品油泊位各 1 个，以及 3000 吨级成品油泊位 2 个，陆域面积 25 万 m^2。

（2）岙山作业区

岙山作业区位于舟山本岛南侧中部海域，岙山岛南岸，已建成 30 万吨级、25 万吨级、15 万吨级、8 万吨级原油码头泊位各 1 个，1 万吨级成品油泊位 2 个，以及 3000 吨级成品油泊位 3 个。岙山作业区主要为长江口内进行原油中转，同时也是我国石油战略储备基地。结合原油中转量的增加以及岸线资源情况，规划在现有 3 个万吨级以下成品油码头外侧，新建 25 万吨级原油码头 1 个，在东侧 500m 的岸线布置 5 万吨级原油泊位 1 个，作业区后方约 18 万 m^2 陆域作为罐区用地。

（3）城市客运作业区

舟山本岛城市发展中心将向临城新区转移。现有客运码头泊位 7 个，岸线长 400m，设计年通过能力为 72 万人。随着舟山金塘大桥完工，客运量被分流，港口功能逐渐调整为商贸、旅游功能。此外，该段岸线紧邻港务局大楼，可作为港口支持系统和港作船舶的基地。

16. 石浦港区

石浦港区位于金星乡、番头乡、高塘岛乡、樊岙乡之间的狭长港湾，陆域范围西起箬帽山、东至东门岛、北达雷公山、南抵蟹钳咀，划分为盘基、雷公山、箬渔山、打鼓峙、万寿塘共5个作业区。

石浦港区受外部围填和航道通航限制，较难实现高等级码头的规模化布置。下阶段，宜结合建港前期研究，系统分析作业区平面的布置方案，更好地服务于浙台（象山石浦）经济贸易合作区的发展需要。

根据腹地经济、海洋产业发展需求，结合下湾门航道工程，重点建设雷公山、箬渔山作业区。

（1）雷公山作业区

规划从打鼓峙东侧向东依次布置1万～5万吨级通用泊位11个，形成码头岸线长度2215m，陆域纵深400～800m，陆域面积120万m^2。后方港口仓储及物流用地面积365万m^2，雷公山东侧布置燃供等支持系统码头。

（2）箬渔山作业区

林门口西侧由东向西规划万吨级及以下通用泊位15个，形成码头岸线长度3780m，陆域纵深450m，面积200万m^2，陆域主要以回填虾塘为主，部分依靠劈山形成，码头与陆域依靠引桥相接。后方港口仓储及物流用地面积130万m^2。作业区东侧布置支持系统。

（3）盘基作业区

炮台山西侧自东向西规划顺岸万吨级通用泊位4个，形成码头岸线695m，陆域面积60万m^2，本作业区主要为后方产业物流园提供公共运输提供服务。

打鼓峙、万寿塘两个装备制造业配套码头区已基本建成，可结合产业发展需要，适时进行功能调整。

17. 象山港港区

象山港区陆域范围包括象山湾两岸，西起强蛟、东至外干门，划分为松岙、强蛟、西周、贤庠、外干门共5个作业区。

象山港大桥外侧的贤庠作业区是近期发展的重点，陆域形成较好、产业园区已初具规模，可结合产业开发，适当拓展公共运输功能，集中布置通用码头。外干门海洋产业及配套码头区应注重岸线资源利用率，提高岸线规模化、集约化水平。

象山港大桥内部的若干港口作业区，以服务海洋产业开发为主，集中布置对海洋产业发展适应性较强的通用码头，海洋产业宜发展非污染类产业，货物运输以清洁类杂货为主。

湾内作业区的开发建设应注重相关规划的协调，开发前应充分论证其与生态环境的关系。

（1）强蛟作业区

强蛟作业区位于白象山西侧沿岸，前沿水深中等，后方陆域围垦形成。已建成浙江国华浙能发电有限公司 5 万吨级煤炭泊位 1 个和 3.5 万吨级煤炭泊位 2 个，宁波海螺水泥有限公司 5000 吨级散货泊位 2 个和 3000 吨级散货泊位 1 个，宁波鑫港港务有限公司 3000 吨级散货泊位 2 个，磨盘山 5000 吨级通用泊位 1 个，规划维持现状规模。

（2）西周作业区

西周作业区范围为海螺水泥码头至大唐乌沙山电厂码头，规划维持现状规模。

（3）松岙作业区

松岙作业区位于小列山至盘池山沿岸，前沿水深条件较好，岸线顺直，部分陆域由围垦和劈山形成。作业区西部为浙江船厂，占用岸线约 3km；东部岸线 2.9km，已建 5000 吨级通用泊位 1 个，规划维持现状规模。

（4）贤庠作业区

贤庠作业区位于西泽至内门山沿岸，前沿水深条件良好，岸线后方由围垦和劈山开辟的陆域已基本形成，产业园区初具规模。结合贤庠临港装备制造园的发展需求，规划作业区西侧为通用码头区，兼顾集装箱运输需要。形成码头岸线 3430m，顺岸布置 5 万吨级及以下通用泊位约 15 个，陆域纵深 750m，面积约 260 万 m^2，后方布置港口仓储及物流用地，面积 145 万 m^2；作业区东侧 4200m 为海洋产业及配套码头区，面积 260 万 m^2，服务于后方象山临港装备制造园。作业区西侧布置支持系统。

（5）外干门作业区

规划在湾口东侧外干门布置海洋产业及配套码头区，陆域纵深 500 ~ 1000m，作业区未来应集约化发展。

18. 甬江港区

甬江港区陆域范围沿甬江两岸，西起甬江大桥、东至招宝山大桥，中间由明州大桥将港区划分为上游和下游作业区。

（1）上游作业区

上游作业区由甬江大桥至明州大桥，预留杭甬运河三期工程联通方案线位，不再新增规模化码头生产作业区，严格控制码头发展规模，适时进行功能调整。

（2）下游作业区

下游作业区由明州的大桥至招宝山大桥，对现有码头进行适度整合，自西向东形成清水浦、五里牌、红联和戚家山四个相对集中的码头区，可布置3000吨级及以下泊位约30个。可在资源整合的基础上适度发展清洁类城市客货运输服务，远期腾退或搬迁沿岸部分工业企业，污染性货类逐步退出，还城市以生活岸线，打造沿江滨水走廊。

19. 沈家门港区

沈家门港区范围西起鲁家峙大桥、北至观音大桥、南抵朱家尖，包括小干、马峙、鲁家峙、朱家尖、登步岛、蚂蚁岛、桃花岛等周边岛屿。沈家门港区结合城市空间拓展，实施功能调整，小干岛、鲁家峙等修造船产业和临近城市人群聚居区的大宗干散货运输功能应逐步转出。规划在朱家尖建设邮轮码头和对台湾地区直航码头。

宁波–舟山港规划形成生产性码头岸线154km，规模化码头作业区陆域总面积132km^2，共可布置各类泊位560余个。规划海洋产业及配套码头区占用岸线147km，陆域总面积98km^2。规划港口预留发展区岸线约105km。

第二节 水域规划

一、航道规划

结合宁波-舟山港区总平面布置方案，进行航道规划。宁波-舟山港在现状基础上主要新增、调整航道，具体航道包括六横南进港航道、双屿门进港航道、马岙港区灌门航道、鱼山南部进港航道、鱼山北部进港航道、樱连门进港航道、大长涂南航道、舟山中部水域进港航道、蛇移门进港航道、衢山南作业区进港航道、马迹山作业区分流航道、洋山港区东支线航道外段、洋山北侧进港航道、梅山港区进港航道、象山港进港主航道、石浦港下湾门进港主航道、石浦港东门进港航道、三门湾进港航道等。

二、锚地规划

结合宁波-舟山港区总平面布置方案，进行锚地规划。在现状基础上，取消野鸭山北、野鸭山南、大五奎东侧、大五奎南侧、石浦港港外等 5 个锚地，取消已有替代规划的五虎礁、金塘西、石浦港引航等 3 个锚地，合并石浦港 4 ～ 9 号锚地为 1 个应急锚位，合并佛渡水道 7 个锚地为 4 个锚位。主要新建、扩建、调整的锚地包括虾峙门 45 万吨级锚位、虾峙门北扩大锚地、条帚门外锚地、六横南锚地、金塘岛东临时锚地、金塘锚地、香炉花瓶礁锚地、黄它山北锚地、大长涂口外锚地、大西寨南锚地、长涂山南锚地、峙中山北锚地、瓜连山北锚地、五峙北锚地、大鱼山锚地、岱山北锚地、马迹山扩建南锚地、马迹山扩建北锚地、三星山南锚地、衢山南 1 号锚地、衢山南 2 号锚地、鼠浪湖北扩大锚地、马迹山港 2 号扩建锚地、绿华东 1 号锚地、大洋山南 2 号锚地、象山港内 1 号锚地、石浦港口外 20 万吨级锚地、石浦港口外锚地、檀头山北锚地、檀头山东锚地、油菜花峙东锚地、草鞋婆屿东锚地、南山西避风锚地、白礁水道避风锚地等。

第八章 港口配套设施规划

第一节　集疏运规划

一、集疏运现状

（一）公路

宁波和舟山已基本形成以高速公路为骨架，国道和省道为重点，普通公路为补充的多层次公路体系网络。

高速公路：宁波市以宁波绕城高速为“一环”，沈海高速、杭甬高速、甬金高速、甬台温高速、象山港大桥及接线，以及大碶疏港高速为“六射”的高速公路网主骨架基本形成。舟山目前已建甬舟高速，连接镇海区、金塘岛、册子岛和舟山本岛，并通过东海大桥将小洋山与上海相连，作为集装箱疏港和岛际物资进出的主要通道。

国省道：已建成G329国道一条及S320（北仑区—镇海区）、S215（鄞州区—象山县—宁海县）、S216（象山县境内：215省道—石浦）、S311（215省道—宁海县—绍兴新昌县）、S214（海曙区—鄞州区—奉化市—宁海县）、S309（奉化市—绍兴新昌县）、S213（奉化市—余姚市—慈溪市）、S318（海曙区—余姚市）、S319（江北区—余姚市）、S321（舟山岛境内）、S231（舟山岛境内）。

（二）铁路

宁波地区既有铁路主要线路由“二干四支”组成，“二干”为萧甬铁路、甬台温铁路，“四支”分别为北仑支线、白沙支线、镇海支线（煤炭中转基地的铁海联运）、余慈支线。舟山地区目前还没有铁路。

1. 萧甬铁路

萧甬铁路为国铁Ⅰ级复线电气化铁路，全长约147.8km，其中宁波段长66.5km，设有余姚西、余姚、蜀山、庄桥、宁波5个客货车站，属萧甬铁路公司管辖。

2. 甬台温铁路

自宁波，经台州，至温州，北端经萧甬线与沪杭线、浙赣线联通，南端与金温线、温福线连接，为国铁Ⅰ级复线电气化铁路，全长约282.42km。其中，宁波段长93.3km，设有宁波东、奉化、宁海3个车站，属沿海铁路浙江有限公司管辖。

3. 北仑支线

北仑支线为国铁Ⅰ级单线铁路，长35.4km，设有宝幢、大碶、北仑3个车站，属萧甬铁路公司管辖。

4. 白沙支线

白沙支线为国铁Ⅱ级单线铁路，长约8.7km，设有宁波北站及货场，属萧甬铁路公司管辖。

5. 镇海支线

镇海支线为地铁Ⅱ级单线铁路，自洪塘编组站至镇海站，长16.9km，设有镇海车站，属宁波港铁路有限公司管辖。

6. 余慈支线

余慈支线为地铁Ⅱ级单线铁路，自萧甬铁路蜀山站接轨，向西经余姚市东侧向北，至慈溪市横河镇上的慈溪站，长为13.7km，属慈溪市铁路管理处管辖。

二、集疏运需求预测

根据港口分货类吞吐量预测结果及流量流向分析，结合腹地交通运输发展规划，预测宁波-舟山港2020年、2030年集疏运总量分别达到19.1亿t和23.6亿t。

三、集疏运规划

宁波-舟山港依托北部、西部、西南部三条大通道，向内陆广袤腹地辐射。

宁波-舟山港口集疏运规划详见图8-1。

北部通道：由直接跨越杭州湾连接浙北、上海、江苏的杭州湾大桥及南北接线、杭州湾嘉绍通道、乍嘉苏三条高速公路和杭州湾铁路通道构成。

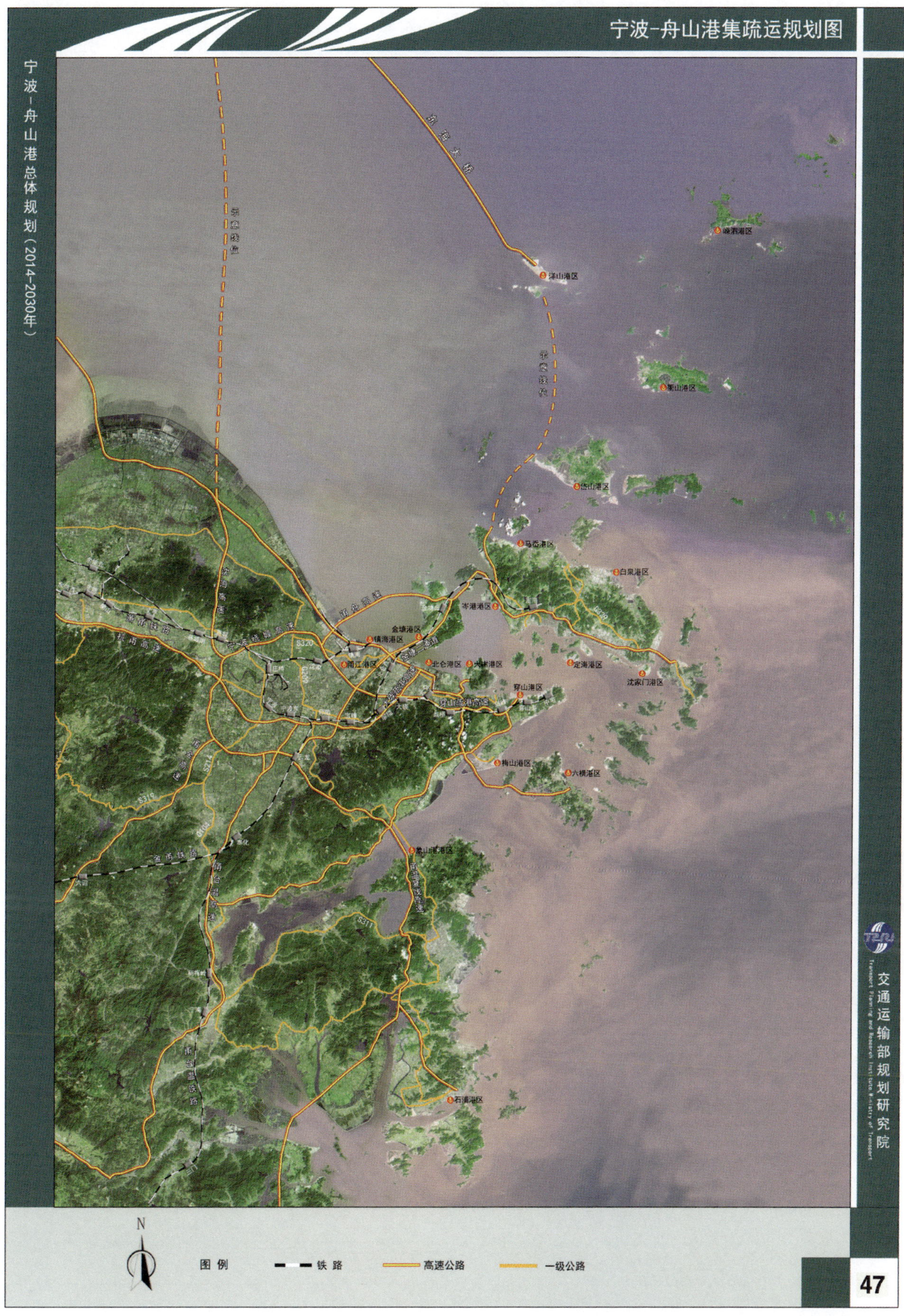

图 8-1 宁波-舟山港集疏运规划

西部通道：由杭甬、杭绍甬、杭徽三条高速公路、329国道，及萧甬、杭徽铁路、杭甬运河构成。

西南部通道：西向由甬金、杭金衢两条高速公路和36省道（甬金线）及甬金、浙赣铁路构成。南向由甬台温、浙江沿海疏港两条高速公路和34省道（甬临线）及甬台温铁路构成。

疏港公路干线主要包括宁波绕城高速公路、大碶疏港高速公路（甬金高速）、穿山疏港高速公路（甬舟高速）、六横疏港高速公路、六横大桥宁波侧接线、象山湾疏港高速公路、杭（州）朱（家尖）线北仑段、骆（驼）霞（浦）线、宁波滨海快速路、宁波通途路、宁波江南公路、宁波沿海中线、盛（垫）宁（海）线、舟山金塘大桥、舟山大陆连岛工程朱家尖支线、岱山疏港公路、金塘第二通道、杭朱线舟山段、舟山北向疏港公路。部分港区有区域集疏运干线直接连接，进而衔接对外集疏运通道。远期结合环杭州湾大通道及沪甬跨海交通二通道等综合运输体系建设，完善港口公路集疏运体系。

疏港铁路主要由镇海铁路支线、北仑铁路支线、华峙铁路支线、穿山铁路支线，并预留铁路进入舟山本岛的可能方案。

杭甬运河作为京杭运河的延伸，是长江三角洲地区高等级航道网的重要组成部分。目前，杭甬运河杭州段、绍兴段及宁波段一、二期工程已建成，除姚江300吨级船闸和宁波城区桥梁外，基本满足Ⅳ级航道的通航要求，但尚未与宁波-舟山港直接联通。规划实施宁波段三期工程，沟通姚江与甬江，远期逐步达到Ⅲ级航道通航标准，满足河海联运的发展需要。

甬沪宁管线为岙山—外钓山—册子—镇海管线和大榭—镇海管线汇集于镇海，并通往南京和上海。该管线运输方式是宁波-舟山港服务本地和沿途、南京、上海等地炼油厂原油运输的主要集疏运方式。

第二节 港口支持系统规划

一、水上安全监督规划

规划设置宁波、舟山两个船舶交通服务（VTS）中心。船舶自动识别系统（AIS）利用已建的各个基站、甚高频（VHF）通信基站与雷达站合建。浙北VTS中心统一设置值班台，监管整个水域，分局按照管理的需求设置交管显示终端，配合各自的动态执法。总体规模为两个VTS中心、19个雷达站、12个VHF基站，2个显示终端。

1. VTS布局

宁波VTS中心已建成镇海、北仑、大榭、游山、虾峙、峙头、穿鼻山、大鹏山、东浪咀山、荒屿山和象山角等11个VTS雷达站。正在建设松兰山、檀头山、悬山岛、南田4个雷达站。

舟山VTS中心已建成马王岗、尖峰山、老虎咀（马迹山）、西绿华山、黄岩头、江南山、大洋山、小洋山、小衢山、下三星、沈家门等11个雷达站。正在建设长白山和青山雷达站。远期结合蛇移门航道工程实施，适时增建覆盖衢山港区南部作业区以及岱衢洋进港航道的VTS系统。

2. VHF基站布局

浙北水域的VTS已建成游山、北仑、峙头、虾峙、马王岗、尖山峰和老虎咀等7处VHF基站，已实现对现有VTS管理区域的通信全覆盖。浙北VTS改扩建后，系统的雷达覆盖范围将大幅度增大，规划在外蒲山、六井头或西绿华山、江南山、长白岛和黄岩头雷达站增加5座VHF基站，实现对浙北VTS管理水域的通信覆盖。

3. AIS布局

浙北水域内的AIS基站主要有七里灯塔、虾峙岛、白沙湾、岙山、马王岗、大黄龙、大戢山、小衢山、下三星、花鸟山和芦潮港等11座，现有AIS基站已基本实现对VTS管理区域主要水道的覆盖。

二、港航支持系统规划

1. 港航执法码头及海事、救助码头、引航基地

宁波-舟山港所辖海域范围大，港口布局广，随着一批新港区的开发，现有甬江、镇海、北仑三地区的支持系统岸线不能满足需求。规划北仑港区穿山西口150m岸线、大榭港区外道头处100m岸线、穿山港区牛轭港南岸100m岸线、穿山港区馒头山西侧150m岸线、梅山岛北岸凤凰山西侧200m岸线、象山港松岙作业区东侧岸线、金塘岛木岙作业区南侧岸线、长峙岛西端、马迹山岛北侧、马岙作业区东侧200m岸线、六横作业区集装箱泊位区和散货泊位区之间的300m东侧岸线、悬山西北侧800m岸线和衢山岛西侧岛斗岸段通用码头泊位区东侧300m岸线，规划为支持系统岸线。

此外，在甬江港区设置三江海事处，在梅山港区设置梅山海事处，定海港区设置岙山海事处。未来，将结合港口发展需要，开展必要的前期工作，适时启动象山港南岸海事监管码头及配套工程、南田岛海事基地、北仑海事处工作船码头及配套工程、奉化海事监管码头及配套工程。

2. 救助站

规划在穿山港西口内原人渡码头北新建1处救助基地，基地陆域纵深250m，面积5万m^2，配套建设救助码头。规划在朱家尖岛福利门围垦区新建1处救助基地，建设1个码头，可满足6000kW和8000kW的专业救助船同时停靠或14000kW专业救助船单独靠泊，总面积约为3.3万m^2。

救助站和救助基地负责对所辖海区内遇难人员、船舶实施或组织实施救生和救助；对沉船、沉物实施打捞和清障；完成上级主管部门下达的相关紧急任务。

第三节 供电规划

一、规划原则

（1）宁波-舟山港口供配电电网的规划建设与上一级市电网的规划建设相结合，采用新技术、新设备、新工艺、新材料，使供电网的结构布局和设施标准化，供电网络完善合理，技术水平达到较先进的现代化程度。

（2）宁波-舟山港口供配电电网的规划建设与配电自动化相结合。配电网无功补偿按电压分层控制、按线路和地区就地平衡的原则进行分配，可采用分散补偿和集中补偿相结合的方式。

（3）分区配电网和10kV的线路有明确的供电范围，不交错重叠。10kV配电网具有充分的供电能力，留有一定的容量储备，并根据变电所布点、负荷密度和运行管理需要，分成若干相对独立的分区配电网。

（4）开闭所和变配电所均按无人值班配置，采用计算机及网络通信技术将各开闭所和变配电所的运行情况，送到总降压站或港区电网调度中心。

二、供电现状及规划

按照《宁波市城市总体规划（2015年修改）》、《浙江舟山群岛新区（城市）总体规划（2012—2030年）》中的供电工程规划，镇海电厂、北仑电厂、乌沙山电厂、宁海国华电厂、舟山电厂、六横电厂可作为电源支撑点。

根据城市总体规划各变电站布局，本次规划所需电源可就近由下述变电站引接。

根据宁波-舟山港不同港区的情况，在港区内设置110kV、35kV、10kV变电站，在接近各作业区的用电负荷中心设置变电所。电压分为5个等级，即：110kV、10kV、35kV、380V、220V。

进港线路采用双回路，宁波–舟山港港内所有供电线路都采用电缆供电。港内液体化工区、化工成品仓储区、原油罐区和石油化工发展区的电缆线路采用阻燃型交联聚乙烯绝缘和聚乙烯护套铜芯电力电缆，其他电缆线路都采用交联聚乙烯绝缘、聚乙烯护套铜芯电力电缆。

电缆敷设方式按电缆路径不同，分别采用电缆桥架、电缆沟及穿钢管等方式敷设。在选择电缆敷设方式时，应根据电压等级、电缆根数、施工条件等确定敷设方案，并应满足运行可靠、便于维护的要求和技术经济合理的原则。在地下水位较高、电缆数量不太多的情况下，均可采用浅槽敷设的方式。在同一通路少于6根且不易经常开挖的路段，电缆敷设时可以采用直埋的敷设方式。在有爆炸危险场所明敷的电缆，露出地坪上需加以保护的电缆，地下电缆与公路、铁道交叉时，在地下管网较密集的城市道路狭窄且交通繁忙，或道路挖掘困难的通道电缆数量较多等情况下，均应采用电缆穿管或支架敷设的方式。在地下电缆数量较多或人行道下电缆需要分期敷设时，可采用电缆沟敷设的方式。

第四节　给排水规划

一、给水系统

1. 规划原则

本规划以城市总体规划为依据，与城市总体规划保持一致。从实际出发，正确处理生产与生活、局部与整体、近期与远期、经济建设与国家需要的关系，统筹兼顾，综合部署。坚持经济合理、技术先进和切合实际的原则。坚持统一规划、远近结合、分步实施的原则，使港口建设与城市建设同步。

2. 水源

根据《宁波市城市总体规划（2015 年修改）》、《浙江舟山群岛新区（城市）总体规划（2012—2030 年）》，港区供水主要由就近水厂提供。

部分外海港区附近无水厂，建议通过引水工程或海水淡化等途径解决供水问题。

3. 用水量预测

宁波－舟山港口用水主要包括港口作业区、生产辅助等功能区的船舶、生产、生活、消防、环保及未预见用水等。

二、排水系统

本规划严格执行国家有关规范和标准，按标准建设排水设施。规划力求重点突出，近期建设和远期发展相结合，排水设施建设与各阶段建设目标和规模相适应。根据《城市排水工程规划规范》（GB 50318—2000）规定，城市综合生活污水量可按城市综合生活用水量的 80% ~ 90% 计算。港区的污水应根据污水的性质，采取不同的处理措施，达到污水处理厂接纳标准后，统一输送至附近的市政污水处理厂。同时，应按照城市防洪排涝工程的远近期规划，结合港口建设的实际情况，规划港区与城市的合理排洪方案，使城市排洪设施的功能和作用不因港口的建设而受到影响。

主要港区排污系统结合城市排污系统统一规划,港区内生活污水可接入城市排污系统，工业污水经预处理后可接入城市排污系统。港区排水将逐步采用雨污分流制。雨水排放充分利用地形和临海优势，采用多出口排放，按照高水高排、低水低排原则，尽快将雨水排入水体，防止因受淹而造成货损。出水口标高应满足规范要求。雨水管网按照近、远期结合的原则，统一布置，分期实施，保证规划的可持续性。矿石堆场雨水集入集水坑，用污水泵送至水塘，经自然沉淀后排入海中；煤炭堆场的雨水收集后经港内污水处理厂处理，就近直接排入水中或用作堆场降尘喷水；一般码头雨水就近直接排入甬江或海中。生活和一般生产污水纳入附近的城市污水处理系统，经处理后统一排放；煤炭、集装箱、危险品和油污水等生产污水分别由港区专门污水处理站处理达标后排放。

三、消防系统

消防规划应全面贯彻科学发展观，坚持“预防为主、防消结合”的消防工作方针和“科学合理、技术先进、经济适用”的规划原则，优化处理城市规划建设发展与消防安全保障体系的相互关系，达到“优化城市消防安全布局，构建消防站布局合理、消防基础设施完善、消防技术装备精良、消防信息化先进、消防人文环境和谐、灭火救援组织健全的消防安全保障体系”的消防总体规划目标。

1. 陆域消防

根据国家有关法律要求，规划区需建立由区域、规划区、企业三级组成的完善的消防体系。

第一级是区域消防，即由周边的城市消防力量组成的区域联防网络，在扑救火灾的行动中可以互相支援、协同作战。

第二级是规划区消防，即在区内统一建设一体化的火灾防范、报警、救灾联网的应急响应中心，依靠报警联网、通信网络，对化工区内各企业进行有层次、分区域、全天候、不间断的计算机化防火监督管理，通过消防指挥中心全面采集区内消防信息，对每个企业的消防系统进行实时监控，并进行接警派车救灾和指挥调度。

第三级是企业消防，要求园区内的大型企业配备独立完整的消防设施，建立准公安消防力量。根据厂区面积大小、工艺装置规模、火灾危险等级及可燃物多少，确定企业消防站规模及消防车数量。

通过建立上述三级消防体系，达到重点单位重点防范，相邻企业协同救灾的目的，确保火灾情况下的消防战斗力。

2. 水上消防站

根据港区平面布局规划及装卸货种情况，规划港区设立水陆两用消防站，消防站规模为一级普通消防站，配备大、中型消防船各一艘和水上消防器材设施。

3. 消防给水设施规划

消防供水以市政供水系统为消防水源。消火栓设置靠近交叉路口，宽度大于60m的街道应沿两侧设置；消火栓保护半径不大于150m、间距不大于120m，宜采用地上式，采用地下式时应设置明显标志。

4. 消防车通道规划

消防车通道以道路网络系统为依托，由各级道路、企事业单位内部道路、建筑物消防车通道及天然或人工水源取水的消防车通道组成。

消防车通道的宽度、净空高度等应符合《建筑设计防火规范》。

5. 消防通信指挥系统规划

消防通信指挥系统包括火灾报警、火警受理、火场指挥、消防信息综合管理和训练模拟等子系统。城市消防通信指挥系统规划和建设应符合《消防通信指挥系统设计规范》（GB 50313—2000）的有关规定。

6. 消防装备规划

加强消防装备的配备。按照《城市消防站建设标准》中的规定，配足、配齐消防队（站）的车辆装备和消防员的个人防护装备。

第五节　通信信息规划

通信信息基础设施是港口发展的重要设施。宁波-舟山港作为一个整体，应建立统一的公共物流服务体系、信息服务平台和电子口岸。作为港口的重要配套设施通信信息设施的规划必须着眼于未来，使通信信息基础建设的内容与港口整体协调发展。伴随大量的物流活动必将产生巨量的信息交换和传输，完善、畅通、发达、可靠的通信信息网络是为整个港口服务的神经系统，高度现代化的通信信息系统是港口的现代化发展的重要组成部分，是港口现代化的重要标志。根据港口的定位和发展趋势，必须建一个与其相适应的，以光缆传输为主，具有宽带化、数字化、综合化、智能化、全球化的通信信息系统，以满足港区所有用户的基本通信业务的需要。

一、电话通信规划

有线电话通信网络已经成为宁波-舟山港口运作必不可少的通信联络手段。港区内的有线通信业务将统一考虑使用同一电话交换系统，港区各单位内部计算机局域网远程互联均通过统一的通信传输网络来解决。

电话中心局设在各港区公共配套设施区的综合办公楼内。交换局机房应装有电话交换设备、计算机网络设备、工业电视设备、光缆传输设备等通信信息的各种设备。模块局机房为无人值班的机房，中心局通过自动监测系统对模块局机房的所有设备（包括电源设备）及条件环境进行实时动态监测。

港口电话交换系统对公众市话通信网将设置多个出局路由，预留去市话的光缆中继传输接口。实现与公众通信网的汇接，为港口用户提供去市话、国内及国际长途电话通信业务。并考虑在中心局处建设一座交通运输部专用卫星通信网的卫星地面站，通过该卫星通信网，实现电话、传真、数据等电信业务。

港口通信设施应与港口陆域设施同步建设。港区建设时，应在港区的适当位置设置通信站，以满足港区生产指挥对通信的需求。港区通信线路宜全部采用管道敷设方式，管孔数量应能满足远期通信要求。为保证港口生产调度顺利，应设置港口分级调度通信系统，在中心局设置总调度，在各港区设置分调度。

建立3G/4G网络系统，并开通宁波–舟山海岸电台到港口有关部门的自动转报业务。实现港口与交通运输部、省、市交通主管机关，沿海及内河主要港口、公路主枢纽和部属主要企事业单位的通信。利用通信技术的发展成果，更新改造本港的专用通信网，解决调度部门与港区作业车船、流动机械以及其他各生产环节的通信联络，使其满足港口生产、管理的需要。港口将形成整体化的港口数字通信网络，发展综合业务功能，为港口生产、管理部门提供电话、数据、传真和图像等多种业务；逐步开放高速的数字数据业务、分组交换数据业务、电子信箱业务、电子数据交换业务、存储转发传真业务、电信智能网业务、可视图文业务、个人通信业务、综合业务数字网。

二、港区光缆传输网的规划

建设以全光缆为传输媒体的通信线路系统是未来传输的基础设施，是光纤通信领域发展的新阶段。光缆传输网可为港区各类用户提供即时的高宽带应用的数据通信传输，满足承载话音、数据、视频等在内的综合业务，实现各种业务网络间的无缝连接。根据宁波–舟山港港区电话交换局布局规划，将以中心交换局和远端模块局两局为轴心，规划建设环行主干光缆网，并以此为基础建设连接港区重要建筑物的港区光缆传输网络。

主干光缆网采取72芯及以上的单模光缆。从中心局到模块局至少有两个以上的不同方向的光缆接入。所有进入模块局的光缆均应采用两个以上不同路由的引入方式，以确保光缆传输的可靠性。连接港区重要建筑物的港区光缆传输网络采用24芯以上的单模光缆。

随着宽带传送业务的需要和光纤通信技术的日趋完善和发展，用光纤构成宽带接入网来实现传送承载功能已成为发展方向。以无源光网络（PON）技术为基础的光接入网（OAN）的联网方式提供了一种经济有效的宽带接入解决方案。为此，将在港区范围内建立光缆传输线路构成光接入网，实现光纤到楼（FTTB），为实现高速数据传输业务提供条件。每条进入建筑物内的光缆采用6芯单模光缆。

三、无线通信规划

宁波–舟山港口码头企业可设置企业内部的 UHF 无线调度通信系统，按各区功能、行业、行政管理的需要设置不同的信道。设置 VHF 岸台，通过岸台的有线 / 无线转接，实现港口码头企业与船只之间的通信。各港区生产调度通信、安保通信等近期可采用无线对讲方式，远期随着港区规模的扩大，调度通信将非常频繁，无线电频率资源将变得紧张，建议在适当时候建设无线数字集群调度通信系统或采用电信部门的公共无线数字集群通信系统。

第九章 环境影响评价及环境保护规划

第一节 港区环境现状

一、港口海域环境现状

宁波市近岸海域共划分 8 个环境功能区，港口全部位于四类环境功能区。宁波近岸海域海水均为劣四类水质，不能满足近岸海域水环境功能要求，主要超标指标为无机氮和无机磷，其中无机氮指标所有监测站位均超过四类海水标准。舟山市劣于第四类海水水质标准的海域面积 12069km^2，占全市海域总面积的 58.0%；第四类海水水质标准的海域面积 5291km^2，占 25.4%；第三类海水水质标准的海域面积 2901km^2，占 14.0%；第二类海水水质标准的海域面积 538km^2，占 2.6%；无第一类海水水质标准的海域。水质主要超标因子为无机氮和活性磷酸盐。

二、海洋生态环境现状

宁波-舟山港近岸海域浮游动物和底栖生物生境质量等级一般，浮游植物和潮间带生物生境质量等级为差。近岸海域浮游植物个别种类季节性优势较为明显；底质生物群落结构较为单一。

宁波海域全年共发现较大面积赤潮 4 起，主要发生在象山港海域。海洋生物多样性监测鉴定到浮游植物 82 种、浮游动物 82 种、底栖生物 28 种。舟山海域全年共发生赤潮 3 起，主要集中在朱家尖外侧海域、东极附近海域。

三、港区大气环境现状

根据监测结果，宁波-舟山港各港区大气环境质量总体良好，环境空气优良率均达到 85% 以上。二氧化硫、二氧化氮和可吸入颗粒物（PM10）三项常规监测因子年均浓度均符合国家环境空气质量二级标准。首要污染物为可吸入颗粒物，其浓度有明显的季节性变化特征，冬春季较高、夏秋季较低。

四、区域及港口声环境现状

宁波市区域环境噪声和交通噪声总体良好。港口所在的工业集中区昼间噪声所有区域全部达标，夜间噪声除宁波、余姚外，其余地区均达标；交通干线两侧昼间噪声所有区域全部达标，夜间噪声全部超标。

舟山市声环境质量总体良好。全市区域环境噪声平均等效声级 52.1dB（A），交通噪声平均等效声级 68.6dB（A）。区域噪声的主要影响声源以生活为主，其次为交通声源。

第二节　对环境可能造成的影响分析

宁波-舟山港运营中产生污染源和污染物较大的货种主要有石油、煤炭、矿石、粮食、化肥及集装箱等。随着港口建设和营运，将产生多种污染因子，对环境产生一定影响。港口规划的各阶段主要污染源和污染物分析如下：

一、港口建设期主要污染源和污染物

港口建设期的主要污染源和污染物来自疏浚工程、填海工程、地基处理及其他工程，产生的污染物主要有疏浚物、粉尘、施工噪声及施工设备排放的有害气体等。

二、港口营运期的主要污染源和污染物

（一）粉尘

粉尘主要来源于煤炭、矿石、水泥、化肥等装卸、运输过程中产生的粉尘和煤炭、矿石堆场在自然风力作用下的二次扬尘及港内生活、生产辅助设施等使用燃料产生的烟尘。

（二）污水

（1）含油污水来自油船的压舱水、洗舱水、机舱水及岸上的加油站、机修间、流动机械的冲洗水等。

（2）含煤、矿污水来自煤炭、矿石码头堆场的雨水，码头面、皮带机房、坑道、廊道的冲洗水及渗漏含煤、矿污水。

（3）集装箱洗箱水包括冲洗装过有毒、有害货物的集装箱和修箱前的集装箱产生的污水，该污水成分较复杂，需做特殊处理。

（4）生活污水主要来源于港区食堂、浴室及船舶生活污水等。

（三）有害气体

港区有害气体来自燃煤锅炉，进出港的汽车、船舶及油品装卸等排放的二氧化硫、一氧化碳、氮氧化物和烃类等。

（四）固体废弃物

（1）港区生产垃圾和生活垃圾。生产垃圾主要为货物杂质、作业衬垫料、锅炉废渣、机修和维护产生的废物、油渣泥、废工具等。生活垃圾包括食物残渣、卫生清扫物和一切生活废弃物等。

（2）船舶垃圾包括甲板、货舱的衬垫料、扫舱物料及船员生活活动产生的卫生清扫物、食物残渣和厨房垃圾等。

（五）噪声

港区噪声分流动源和固定源两种，主要是船舶（包括汽笛）和装卸机械、运输机械产生的噪声。

（六）溢油

溢油是对水环境影响较大的污染源和污染物。主要来源于油罐、管线、阀门及油船的“跑、冒、滴、漏”。溢油原因多种多样，有技术原因、管理原因和自然原因等。

（1）船舶和码头作业不当，输油臂、管线阀门失灵，油管线破裂，伸缩节垫圈老化等导致“跑、冒、滴、漏”。

（2）船与码头、船与船相撞或油罐冒顶。

（3）船舶在恶劣的气候条件下触礁、搁浅或者碰撞等。

三、港区可能出现的生态变化

随着宁波–舟山港口规划的逐步实施，港区附近的生态将由自然生态系统逐步向港口城市生态系统演变，主要表现为：

（1）新港区建设过程中，由于护岸、疏浚、挖泥、围堰造田等施工作业产生的悬浮泥沙，对水中生物和水质造成一定程度的污染。

（2）由于建港征用水域，可能使水域功能发生改变，生物种类和数量将产生一定的变化。

（3）由于港口建设中各种工程实施和陆域扩大，港区近岸的水文、水动力情况将发生一定程度的变化。

（4）进出港船舶运输活动频繁，会对水域内的生态环境造成影响，水质受到一定污染。

（5）开山取土、占用土地后，如不及时进行水土保护，将会对山地植被和陆域生态系统带来不利影响。

（6）港口营运过程中产生含油污水、集装箱冲洗水和生活污水，排入水体将对水域的水质造成一定的污染。

（7）煤炭、矿石、粮食等散货、锅炉烟气、油品挥发烃、交通车辆和船舶排出有害气体等增大污染负荷，对大气环境造成一定污染，大气质量会有所下降。

（8）港口发展将促进周边经济活动日趋繁荣、人口迅速增长，使原来的自然生态系统发生变化，逐步演变为港口城市生态系统，将使景观发生改变。

第三节　环境保护规划

宁波-舟山港的开发必须严格执行国家有关环境保护的各项规定。其开发利用要符合宁波市、舟山市海洋功能区划要求，实现港口建设和生态、环境保护的共同发展，最终达到保护、改善自然环境，建设安全、舒适的港口环境的目标。

一、港口环境污染控制目标

规划港口范围内排放的污水、废气和产生的噪声应达到国家和地方规定的标准，港口大气环境执行《环境空气质量标准》（GB 3095—2012）中的二级环境空气质量标准，地表水水域执行《地表水环境质量标准》（GB 3838—2002）中Ⅱ至Ⅳ类地表水环境质量标准，海域采用《海水水质标准》（GB 3097—1997）中Ⅲ类和Ⅳ类海水水质标准控制，港区作业现场执行《工业企业厂界环境噪声排放标准》（GB 12348—2008）中的3类声环境功能区对应的标准限值，逐年降低污染物排放量，达到国内同类港口的先进水平。

在规划期内主要水域的水质保持稳定，港口环境的空气质量保持二级标准，港口作业区的机械和动力设备的噪声控制在85dB（A）以下，港界处环境噪声达到工业集中区的噪声标准。

二、环境保护规划和治理措施

（一）港口施工期污染防治措施

涉水工程的施工期应避开主要鱼种的产卵期，填海造地时采用先建围堰、后吹填的施工程序，严禁直接向施工海域排放含油污水和任意向海上倾倒固体垃圾。

（二）土地利用与填海取土的环境保护措施

实行复土造地，事后绿化恢复植被，防止水土流失，加强陆域生态环境保护措施。

（三）油污染的防治

1. 含油污水的防治措施

船舶机舱含油污水应根据《73/78 国际防污公约》附则 I 的规定处理，船舶本身应装油水分离器自行处理，没有处理装置的船舶和船舶压舱含油污水均可送到港区污水处理场处理，达标后排放。含油污水排放口设置油膜自动监测系统和报警系统，安装污水自动计量和自动采样器设备，为实施污水排放总量控制和定量化管理创造条件。

2. 溢油事故的防治措施

港口水域溢油防治要根据《73/78 国际防污公约》（《MARPOL 公约》）和《1990 年国际油污防备、反应和合作公约》（《OPR 公约》）及《中华人民共和国防止船舶污染海域管理条例》要求，采取溢油防治措施，制定港口溢油应急计划，在溢油高风险区配备监视、监测设备，设置围油栏、吸油装置、贮油装置、吸油材料、消油剂等油码头溢油应急设备，配备一定数量的溢油应急船舶等。

港口陆上溢油防治要经常检查各种装卸油设备，严防“跑、冒、滴、漏”；要安排专人值班，设通信、报警装置等。

3. 油污水防治措施

港区内应建立油污水处理场。

4. 油码头挥发烃的防治措施

油品储罐选用呼吸损失量小的罐型，储罐增设喷淋降温设施；改进装油方式，减少烃类挥发；研究石油烃类的回收方法和技术，防止挥发烃对大气的污染。

（四）粉尘污染的防治措施

矿石、煤炭和建材（砂石）粉尘采用湿式防尘为主、干式除尘为辅的方法。用螺旋式卸船机或桥式卸船机代替带斗门机，并洒水抑尘；皮带机输送加盖密闭，转接处封闭且装除尘器；取料作业降低落差，并辅以洒水；装船用伸缩溜管且降低落差；煤堆场洒水抑尘，堆场表面颗粒含水率达 6%；在居民区临近的码头周围设防风林、防风网或挡风墙等。

水泥、化肥和粮食粉尘采用干式除尘方法。采用先进的卸船、装船设备及工艺；水平和垂直输运采用封闭系统；落料口、皮带机转接房、灌包处要安装布袋除尘器。

（五）污水的防治措施

煤和铁矿等散货堆场雨水径流和洒水径流产生的污水经明沟汇集至污水处理站，经澄清后作为堆场抑尘洒水循环使用。

集装箱洗箱污水治理：在港区内建一座集装箱污水处理场，也可以在港外洗箱。

此外，应全面完善港口码头作业区和船舶排放油类、化学品、垃圾及生活污水的收集处理设施，确保安全收集和处置。海洋产业的引进应提高环保准入门槛。切实加强近岸海域海上溢油及有毒化学品污染风险防范体系建设，完善海上溢油监视体系，提高溢油监视能力。

第四节　环境影响评价

一、港口开发、扩建和改建工程对生态和环境的影响

（1）港口工程的主要环境问题是施工期填海造陆等活动产生悬浮泥沙，对水中生物造成损害和水质污染，其中对水产养殖的水质影响更敏感、更直接、更大。

（2）码头主体工程和土建工程建设需用大量的砂石料、水泥等，用交通运输工具和各种机具输送与施工时，产生的粉尘、废气和噪声等对环境有一定影响。

施工期对环境影响的特征：污染影响是短期的、可逆的，在施工期后水质将澄清，生物很快得到恢复。

二、港口营运期对环境的影响和变化趋势

1. 对大气环境质量的影响和变化趋势

港口营运对大气污染的主要因素是港口装卸大宗散货（煤炭、矿石和散粮等）产生的粉尘及石油品挥发烃类。

由于在规划期内依靠科技进步，采取先进的装卸工艺设备，对粉尘、油气及其他有害气体采取有效治理措施，使粉尘、烃类、二氧化硫、一氧化碳和氮氧化物等的排放指数呈逐年下降趋势，可以保持二级环境空气质量标准，使环境质量有所改善。

2. 对水域环境质量的影响和变化趋势

在规划期内，由于《73/78 国际防污公约》逐步全面实施、各码头专项验收工作的逐步开展以及在新建、改建和扩建工程中建设油污水处理场，含油污水排放量逐年下降，石油类污染物排放负荷随之下降，有利于减轻水域油污染，降低海域的溢油风险。

港区生活污水和集装箱洗箱污水排放量逐年增加，可能会使水质下降，但设置了污水处理场后，可使排放水质控制在二级水质标准，可以达到环境目标值的要求。

总之，在规划期间对含油污水、洗箱污水和生活污水等都要采取治理措施，以达到达标排放要求。

3. 噪声对环境的影响评价

港区噪声源主要是指装卸机械、交通车辆、船舶的噪声，在总体规划中港口作业区与生活区保持合理的间距，并以绿化带隔离；机械设备选用低噪声设备或者采取减振、隔声和消声措施；合理选择疏港方式，优化疏港交通行驶路线，将使交通噪声有所下降，港区内噪声将达到工业集中区噪声标准，港界噪声达到二类混合区噪声标准，可满足环境功能区的要求。

宁波–舟山港的开发在带动本地区经济快速发展的同时，可能会导致原有自然生态系统逐步向港口城市生态系统演变，但只要重视环境保护，抓住各种影响因素，从科学合理布置作业区到工艺设备选型、噪声控制、污水处理、绿化设计等各方面采取综合措施，港口的建设与发展完全可以达到环境控制目标，满足港口环境功能的要求；港口的发展能与相邻的海河风光带共同存在、协调发展，共同促进本地区的经济繁荣，实现经济效益、社会效益和环境效益协调统一。

第十章 港口规划与相关规划关系

一、港口规划与城市总体规划的关系

1. 与宁波城市总体规划的关系

根据《宁波市城市总体规划》（2015 年修改），宁波城市性质为：我国东南沿海重要的港口城市，长江三角洲南翼经济中心，国家历史文化名城。主要职能为：国际贸易物流港、东北亚航运中心深水枢纽港、华东地区重要的先进制造业基地、长江三角洲南翼重要对外贸易口岸、中国一流休闲旅游目的地和浙江海洋经济发展核心区。城镇空间结构调整为：构建“一核两翼、两带三湾网络化”活力、高效、开放的大都市格局，形成以宁波中心城市为核心，余慈地区为北翼，奉化、宁海和象山三县（市）为南翼，卫星城和中心镇为节点的网络化大都市。

2007 年，宁波市有关部门组织编制了《宁波梅山岛总体发展规划》，规划确定梅山岛发展定位为长江三角洲南翼港口国际物流中心、上海国际航运中心保税港区之一、生态型城镇。未来梅山岛的发展职能需要兼顾乡镇发展与港口建设的双重需求。2012 年，编制了《北仑区穿山半岛区域发展规划》，明确了穿山半岛的定位和功能布局。

本轮宁波的港口发展充分考虑了宁波城市发展的要求，发展重点集中在 T 轴和南部都市区，梅山岛开发、穿山半岛开发逐渐成为宁波发展的重中之重；南部的象山港和石浦港港区是宁波的资源储备港区，大桥上游资源仍然是严格控制并预留的区域。港区以服务地方经济发展和临港工业布局为主。宁波市域港口从布局、功能等方面与城市规划基本协调一致。

2. 与浙江舟山群岛新区（城市）总体规划的关系

2011 年 6 月，国务院批复成立浙江舟山群岛新区，舟山市城市总体规划结合新区要求正在编制中。

根据《浙江舟山群岛新区（城市）总体规划（2012—2030 年）文本》，舟山群岛新区城市定位为：浙江海洋经济发展的先导区、海洋综合开发试验区、长江三角洲地区经济发展的重要增长极。主要功能是：建成中国大宗商品储运中转加工交易中心、东部地区重要的海上开放门户、中国海洋海岛科学保护开发示范区、中国重要的现代海洋产业基地、中国陆海统筹发展先行区。舟山群岛新区的战略定位为：国际物流枢纽岛、对外开放门户岛、海洋产业集聚岛、国际生态休闲岛、海上花园城。

规划期内，舟山群岛新区形成“一体一圈五岛群”的总体功能布局。“一体”是指舟山本岛及联动开发的南部诸岛，是舟山群岛新区开发开放的主体区域，重点构筑“南生活、中生态、北生产”三带协调、功能清晰的发展格局；“一圈”指港航物流核心圈，包括岱山岛、衢山岛、大小洋山、大小鱼山岛和大长涂岛，是建设大宗商品储运中转加工交易中心的核心区域；“五岛群”分别指普陀国际旅游岛群、六横临港产业岛群、金塘港航物流岛群、嵊泗渔业和旅游岛群、重点海洋生态岛群。

本次舟山港口规划充分考虑新区发展要求，按照城市规划的总体发展思路，重点发展国际物流枢纽岛、海洋产业集聚岛、国际休闲旅游岛、对外开放门户岛，港区发展定位、发展方向及重点等方面的研究视角都立足于国际物流发展、对外贸易发展，与城市规划的总体发展目标基本一致。空间布局方面，港口规划与群岛新区总体功能布局在功能上基本一致，舟山本岛南侧规划以生活旅游、客运为主，港航产业重点布局在本岛北侧；岱山岛、衢山岛、鱼山岛、长涂岛是大宗散货规划布局的重点区域，重点发展区域大宗商品的仓储、中转、加工及交易等功能。海洋产业及港航物流布局以大型岛屿为载体，六横、金塘等岛群主要布局石化、装备制造业及其他海洋相关产业。从发展定位、功能布局等方面分析，舟山市域港口规划与城市规划在思路、布局等方面基本一致，与浙江舟山群岛新区（城市）总体规划相适应。

二、港口规划与土地利用规划的关系

根据现代化港口的发展趋势，港口与海洋产业、港口物流等产业的发展密切相关。港口的用地需求已突破了自身生产所需用地范围。本次规划本着节约、集约利用土地、严格保护耕地的原则，港口陆域控制范围充分结合了宁波、舟山两市的产业布局规划，主要涉及城镇、工业用地及围填海造地，港口用地规模和布局应当与土地利用总体规划相衔接。

三、港口规划与海洋功能区划的关系

根据2012年国务院批复的《浙江省海洋功能区划（2011—2020年）》，宁波-舟山港可分为以下四大海域：

1. 杭州湾海域

杭州湾海域包括嘉兴海域和余姚、慈溪海域，主要具备滨海旅游、湿地保护、临港工业等基本功能。

2. 宁波–舟山近岸海域

宁波–舟山近岸海域包括宁波市镇海区、北仑区、象山县东部的近岸海域和舟山市定海区、普陀区的近岸海域。主要具备港口物流、临港工业、滨海旅游等基本功能，兼具农渔业等功能。

3. 岱山—嵊泗海域

岱山—嵊泗海域，包括嵊泗海域和岱山海域，主要具备海洋渔业、滨海旅游和港口物流等基本功能，兼具临港工业等功能。管理上要加强海洋生态环境保护，保护与恢复重要经济鱼虾蟹类产卵繁殖场所和增殖放流渔业资源；保护好海岛独特的自然景观和生态系统；根据浙江舟山群岛新区建设要求，统筹规划开发本区域深水岸线资源，加强各类海岛深水岸线资源的保护，适当控制工业占用深水岸线。

4. 象山港海域

象山港海域主要具备生态保护等基本功能，兼具海洋渔业、海洋旅游和临港产业等功能。管理上除基础设施和产业园区建设少量填海和象山港口部门经科学论证允许少量围海外，禁止围垦海涂和填海；适度控制港口建设，禁止新设对海洋环境有影响的煤炭、化肥等散杂货码头；严格控制对基本功能有明显不利影响的临港产业，对局部地区布点的大型电厂，应采取有效措施，减少其对海洋生态环境的影响。

总体上，宁波市域的港口设施集中在北仑镇海区域，象山港港区和石浦港区作为资源储备港区。本次规划仍然是以岸线资源的控制为主，宁波南部海域仅象山港大桥外，视发展需求布局通用泊位区，临港产业仍然以清洁类型为主。因此，在开发要求和理念上，宁波港口的海域使用与海洋功能区划是相互衔接的。

舟山海域提出建设“国际物流枢纽岛、海洋产业集聚岛、国际生态旅游岛”的战略目标，在产业布局、环境保护方面有了更为明确的规划，力争把海洋资源优势转化为现实经济优势。舟山群岛海域的主要功能为渔业资源利用和养护、旅游、港口航运和海水资源利用。重点功能区包括洋山、定海、岱山、六横、衢山、嵊泗等在内的舟山港口航运区及城镇工业发展用地，与海洋功能区划相互衔接，基本一致。

四、港口规划与环境保护规划的关系

浙江省环境保护厅分别于2001年和2013年公布了《浙江省近岸海域环境功能区划》和《浙江省近岸海域污染防治规划》，从近岸海域生态环境现状出发，结合环境功能区划及生态敏感点、自然保护区分布特点，兼顾社会经济发展对海域环境的压力，确定舟山群岛新区为近期开发建设活动较频繁的区域，杭州湾为受陆域污染影响较大的区域，象山港和三门湾为生态退化问题较为严重的区域。本次规划专题开展了宁波-舟山港总体规划环境影响评价，港口规划充分考虑了其与环保规划的关系，并提出了港口规划实施的环境保护方案与建议。

第十一章 措施与建议

一、推进港口管理体制改革和港口资产整合，推动宁波-舟山港进入深度融合发展阶段

自2003年提出“整合两港资源、加快两港一体化建设”指导思想以来，经过十余年发展，宁波-舟山港初步实现了统一规划、统一品牌、统一建设、统一管理的目标，港口吞吐量较快增长，在区域集装箱运输和能源、原材料等大宗物资中转运输中发挥了突出作用，促进了浙江省、长三角和长江沿线经济、社会发展和对外开放。

为更好地实施“一带一路”、“长江经济带”等国家战略，提升港口综合实力和核心竞争力，建议在港口管理体制、港口运营管理方面进行探索和尝试，整合涉海行业管理部门，建立海岸带资源开发协调机制；整合宁波、舟山两港国有资产，组建宁波-舟山港集团，实现对港口资源的统筹开发，提升资源优化配置能力和开发利用效率，推进宁波-舟山港深度融合，实现实质性整合、一体化发展。

二、深化大洋山等港口岸线开发研究，支撑港口总体布局规划的实施

根据浙江省人民政府专题会议纪要（〔2013〕27号），洋山深水港区拥有现代化港航物流的优越条件，在建设舟山群岛新区中具有重要的战略地位，是舟山打造国际物流岛不可或缺的重要组成部分。目前，小洋山南侧岸线已基本开发完毕，小洋山北侧正在逐步实施围垦，大洋山及周边岛屿尚处于自然状态。建议启动大洋山港口规划研究，开展产业定位、空间布局、建港条件及对外通道等专题研究，明确大洋山作业区港口规划方案。

此外，部分新港区开发的前期工作研究并不充分，不能完全支撑港区平面布置方案的合理性，应尽快开展白泉港区、衢山港区、穿山港区东部作业区、岱山港区大长涂作业区、岑港港区老塘山作业区、鱼山作业区等规划方案研究，抓紧编制港区、作业区控制性详细规划，保障岸线资源的高效利用。

三、深化港口集疏运通道研究，推进杭甬运河三期工程，保障港口可持续发展

港城互为依托，疏港通道是城市总体规划的组成部分，与城市、产业园区的交通系统、城市用地功能布局密切相关。应抓紧深化规划确定的各港区公路、铁路集疏运通道、重要互通立交的方案，有条件的港区应推动港口集疏运交通与城市交通分离，促进港城协调发展。深化后的港口集疏运规划应纳入宁波、舟山两市城市总体规划，在城市建设用地规划体系中，落实具体的用地红线、功能等级、技术标准等，通过城市规划控制，有效保障规划疏港通道的实施。

甬江和京杭运河的河海联运，是宁波–舟山港主要的集疏运方式之一。目前，杭甬运河一、二期工程已经实施，沟通姚江与甬江的三期工程由于城市规划等原因未能实施，已成为制约河海联运的瓶颈，应抓紧协调并推进工程实施。甬江跨河桥梁的规划和建设应根据国家的相关规划，统筹甬江的航运发展要求，合理控制过河通道数量，跨河建筑物的建设应符合规划通航标准。

四、开展中部核心水域LNG接收站对港口通航及运营影响研究，提高港口服务水平

宁波–舟山港中部核心水域船流密度大、航线密集，通航形势复杂，由于军事、环保、管线等因素，导致航道、锚地建设滞后于港口发展，通航安全形势严峻。同时，LNG船舶进出港受通航要求限制，对港内已建及规划码头的运营将产生严重影响，直接关系码头运营商的利益和宁波–舟山港的竞争力。为更好地服务中部核心港区的规模化开发，提供高效、安全的通航环境，全面评估LNG码头及接收站建设对港口运营的影响，应尽早开展专题研究，进一步优化港口空间及功能布局，更好地服务于宁波–舟山港的长远发展。

五、以海事、引航、口岸为突破口，提升一体化发展水平

宁波-舟山港涉及宁波、舟山两套海事、引航体系和宁波、杭州两个海关，在航道、锚地资源整合，海事、引航管理以及口岸服务方面较难实现统一协调、统筹建设。在宁波、舟山港口一体化发展的趋势下，建议以海事、引航、海关等垂直管理部门为突破口，探讨一体化发展的新思路，理顺体制、优化管理，整合航道、锚地、引航基地、支持系统等港口配套设施，切实提升宁波-舟山港一体化发展水平。

六、加快研究综合保税区、自由贸易区、自由港区建设对港口发展的要求，完善港口总体规划

2013 年 8 月，国务院正式批准设立中国（上海）自由贸易试验区，涵盖上海市外高桥保税区、外高桥保税物流园区、洋山保税港区和上海浦东机场综合保税区等 4 个海关特殊监管区域，实施“一线逐步彻底放开、二线安全高效管住、区内货物自由流动”的创新监管服务模式，对港口提出了新的要求。

国际物流枢纽岛、自由贸易区、自由港区等概念在港口规划领域是全新课题，本次规划从功能和空间布局上初步考虑了国际物流发展、自由贸易区设置等影响，还需结合专题研究进一步深化。下阶段，港口管理部门应尽快开展自由贸易区对港口保税、贸易等方面的专题研究，明确港口适应自由贸易试验区、自由港区发展的具体要求，进一步完善港口总体规划。